农民工知识技能培训丛书

方　韧/主编

家政服务基本技能

赵家君　栾鹤龙　编著

贵州人民出版社

图书在版编目(CIP)数据

家政服务基本技能/方韧主编.—贵阳:贵州人
民出版社,2010.4

ISBN 978 - 7 - 221 - 08916 - 8

Ⅰ.①家…Ⅱ.①方…Ⅲ.①家政学 - 基本
知识 Ⅳ.①TS976.7

中国版本图书馆 CIP 数据核字(2010)第 037809 号

书 名	家政服务基本技能	
编 著	赵家君 栾鹤龙	
出版发行	贵州人民出版社	
地 址	贵阳市中华中路 289 号	
责任编辑	程 立 金海洋	
封面设计	唐锡璋	
印 刷	贵阳云岩通达印务有限公司	
规 格	890 × 1230 毫米 1/32	
字 数	210 千字	
印 张	8	
版 次	2010 年 4 月第 1 版第 1 次印刷	
书 号	ISBN 978 - 7 - 221 - 08916 - 8	
定 价	15.00 元	

目　录

第一章　家政服务员职业道德要求

一、家政服务员职业道德基本要求

良好的道德是社会进步、人类发展的重要条件。我们的社会生活包括了社会公共生活、职业生活、家庭生活几个方面,不同的领域有不同的社会道德,而职业道德是从业人员在职业生活中应该遵循的行为准则。家政服务职业道德是我们在从事服务工作中应当遵循的道德准则和职业规范,要求用相应的思想意识、工作态度指导我们完成好本职工作。我国公民的道德核心是为人民服务,而在家政服务中,我们也要树立"人人为我、我为人人"的职业道德意识。

国家劳动和社会保障部所颁布的家政服务员国家职业标准里明确规定:家政服务员是"根据要求为所服务的家庭操持家务;照顾儿童、老人、病人;管理家庭有关事务的人员"。作为家政服务员,我们进入雇主家庭,根据合同约定和家政服务要求为雇主家庭服务。能否胜任家政服务工作,并不是一件简单的事情。家政服务有它特定的职业道德规范。

一方面,我们要树立良好的职业道德思想和服务意识;另一方面,要认真遵守职业道德规范,身体力行、自觉执行,以实际行动展现家政服务员良好的服务意识和综合素质。

(一)遵纪守法,维护社会公德

遵纪守法、维护社会公德是每个公民应有的责任与义务。法律和纪律是一种具有强制性的行为规范。只有遵纪守法,依法行事,社会才会安定,经济才能发展。否则,社会生活中的各项秩序就无法保证,广大的人民群众就不能安居乐业。每个家政服务人员应该懂得遵纪守法的重要性,坚决做到知法、守法,坚决做到遵守社会公德。

(二)热爱家政服务行业,爱岗敬业

热爱本职工作是所有职业道德中最基本的道德原则。家政服务员应破除各种落后的旧观念,正确认识服务行业,热爱本职工作,忠实履行自己的职责,不把个人情绪带到服务工作中,全心全意为雇主服务,知错就改,诚恳待人。

(三)诚实守信,办事公道

诚实守信,办事公道,是家政服务工作中必须遵守的道德规范。诚实就是要坚持不说谎、不做假、不欺骗,实事求是;守信是要信守承诺,讲信誉,重信用,忠实地履行自己所应当承担的责任和义务;办事公道要求我们对待服务对象一视同仁,公平公正,自觉抵制职业腐败和不正之风。

(四)服务群众,奉献社会

服务群众是社会主义职业道德的根本宗旨,奉献社会是职业道德的最高境界,我们在家政工作中应坚持全心全意为人民服务的思想信念,兢兢业业地工作,自觉地为社会和他人作贡献。不把自私、利己作为职业活动的根本目的。要在服务和奉献中体会到:人生的真正价值在于奉献,人人都在为社会作奉献,人人都在享受社会进步的成果。

二、家政服务员职业道德规范

我国公民的基本道德规范是:爱国守法、明礼诚信、团结友爱、勤俭自强、敬业奉献。要做一名合格的家政服务人员,更要注意遵守家政服务职业道德规范。

(一)遵纪守法、依法律己

自觉学习法律知识并遵守国家各项法律法规;在投入家政服务时遵照国家规定进行健康检查,按照家政服务人员的服务技能

要求持证上岗；与雇主或经营公司签订书面劳动合同，严守合同，不无故违约；不泄露雇主的隐私和家庭信息；依法律己，依法工作。

（二）文明礼貌、维护公德

树立良好的服务形象，态度和蔼，服务积极，说话和气，举止文明；遵守社会公德，尊重雇主生活习惯，尊老爱幼，尊重病、残人士。

（三）自尊自爱、自信自立

谦虚谨慎，不喧宾夺主；不带亲朋好友在雇主家中停留、食宿；未经允许不随意使用雇主的家庭用品，不参与家庭及邻里的矛盾纠纷，不向他人借钱或索要财物；诚恳待人，知错就改。

（四）敬业乐业、忠于职守

严守职业纪律，服从工作安排；不迟到，不早退，不旷工，少请假；维护自身、雇主及其家庭安全；不擅自外出或夜不归宿，尽职尽责。

（五）勤奋好学、精益求精

努力学习服务技能，不断更新服务知识，不断增强服务意识；认真完成工作任务，努力提高服务质量。

（六）诚实守信、服务至上

不说谎，不做假，不欺骗，实事求是；信守承诺，讲信用，重信誉，忠实地履行个人职责；宾客至上，耐心周到，急人所急，帮人所需。

三、家政服务员职业心理调节

（一）正确建立服务意识，正确看待家政服务

1. 家政服务员的服务意识和职业意识

（1）家政服务员到业主家后，要尽量按照业主的意愿行事，主观意识不要太强。要严格按照业主的要求去做，不要老是强调自己的特殊情况；尽量在最短的时间内了解用户的生活习惯、饮食口味、爱好、起居作息时间、房间生活用品的放置等。

（2）家政服务员应当注意摆正自己的位置，任何时候不要喧

宾夺主。当业主及其家人在谈话、看电视、吃饭时，做好自己分内的工作后，应自觉回避到自己的房间或做其他房间的工作，给业主及家人以必要的私人空间。不能打听业主家和别人家的私事，更不要与其他家政服务员一起说长道短。

（3）家政服务员应当注意礼节，不经业主许可不要进入主人卧室，如必须进去工作或有事应先敲门，出去时记住要轻轻地把门带上。平时衣着简朴，不可着过透、过紧、过短的衣服，更不宜化装或佩戴首饰。个人生活用品应该使用业主指定用品，不要使用业主专用的生活用品，更不可动用业主化妆品，或者因好奇而翻看业主私人用品。要主动协助业主节约各种开支。

（4）在业主家不要欺骗业主，更不要把自己家的烦心事在业主面前哆嗦，更不要在业主家因想家哭泣叹气，也不要利用业主的好心而向业主提出要求安排家人工作等非分要求，更不可装病吓唬用户。业主的叮嘱和交代要记清，因为语言的原因，未听清和未听懂的一定要问清楚，不要不懂装懂。交代过的事情不能让业主老是提醒。做事要有程序，不要丢三落四。

（5）未经允许，不要用业主家的电话，需要打电话要到公用电话亭，更不能把业主家中的电话号码告知其他家政服务员、老乡等。如业主主动让你给家中打电话报平安，应事先想好或用笔记下来再打，并争取长话短说，避免在电话中哭哭啼啼，对家人尽量报喜不报忧，以免家人牵挂。

（6）工作时尽量小心仔细，如损坏业主家的东西，应主动向业主认错，争取业主谅解。切不可将损坏的东西扔掉，或推诿责任。

（7）合同签订后，一切按合同要求办事，不得自行其是要求增加工资，更不得向业主以提前发工资的名义借款。不经业主许可不得外出，更不能私自外出会亲友，更不可把外人带到业主家中；按照合同的考勤标准，不要迟到、早退，不要随意请假、旷工。

（8）帮业主采购日常用品一定要注意做好日常开支日记账，

不虚报冒领。

(9)时刻注意安全问题,养成每天早上和晚上临睡前煤气和电器情况的检查;任何时候,陌生人敲门,不能贸然打开防盗门,及时向业主通报来访人员的通讯地址;随时看管好老人和小孩,一定要随时注意和保证他们的安全。要特别注重和他们搞好关系,要使他们喜欢你。

(10)在做家务时,不要勉强做对自己身体有危险的事情。做家政工作一定要最大限度开动脑筋,尽量创造性地开展工作,使个人工作技艺不断进步。

2.正确看待家政服务职业

每个人都有职业理想,每个人心中都有一座山峰,雕刻着理想、信念、抱负、追求。每个人心中都有一片森林,承载着收获、芬芳、失意、磨砺。做一名家政服务员,不仅仅能服务好一个家庭,还能管理好一栋别墅,甚至是一个住宅小区,那种工作的成就感和幸福感是不言而喻的。

(二)做一个快乐的家政服务员

对于家政服务员来说,每天面对如此繁杂的工作,我们的工作热情是否已经早已冷却?我们是不是充满了厌倦?要知道,任何工作其实都贵在坚持,让我们重新找回工作的激情,以最佳的状态迎接新的挑战。让我们做一个快乐的家政服务员。

1.巧妙地安排好各项工作

(1)不要让家务影响健康

注意合理安排自己的休息时间,在紧张的生活中有计划地腾出一定的时间进行娱乐与休息,腾出一点时间看看书,补充新的知识,使自己生活得更加快乐和充实。

(2)科学安排家务工作

在工作时,应注意选择适宜的劳动强度,学会选择适当的劳动时间,不断提高工作效率。可以自己学会编排劳动组合,注意时间

搭配,区分轻重缓急,根据个人兴趣调剂不同的工作内容,保持愉快的工作心情。以下方法可以尝试一下:

①将部分家务劳动标准化。对于那些每天重复的家务,如起床后收拾房间、洗漱、做早饭、送小孩上幼儿园等,可以摸索出一套规律,把它们省时、合理地组合起来。一旦有了较为固定的工作程序,只要养成习惯,就会觉得从来没有过的从容。

对于那些每周每月重复的家务,比如采购粮食、采购油盐酱醋,可以尽量集中采购,让它们同时完成;对于那些季节性重复的工作,比如衣物的更换洗涤和收藏等,可以确定好日期,做好计划。再把这些记录在台历或自己的小本子上,到了相应的时间就逐一执行,既不费神也不会遗忘。

②将部分家政工作社会化。只要注意学习和观察,就会发现家政服务员也可以把一部分家务工作变成社会服务的对象,如食品半成品加工等。应当适时调整自己的工作,根据雇主家的具体情况,将自己从一部分可以进入社会化服务的工作中解脱出来。

2. 增加家政服务工作的乐趣

家政服务是烦琐劳累的,同时又是充满乐趣的。家政服务员要不断地应用自己的创造力在家务工作中发现美感,增添乐趣,不断学到新的知识。

也许,用心观察,你会发现:家政服务工作并不是苦差事,其中也包含着许多幸福和快乐!

第二章　家政服务礼仪

家政服务礼仪,是指家政服务员服务过程中应具备的基本素质和应遵守的行为礼仪规范,包括仪表规范、仪态规范、见面常用礼仪规范、文明服务用语规范等。

一、仪表规范

饭店员工应保持容貌端正,面部洁净,口腔卫生。女员工可以适度化妆以符合岗位要求。

家政服务员应保持衣着修饰得体、洁净平整、方便行动,工作时应该扎围裙、带袖套,打扫高处卫生时应当戴工作帽、口罩。日常工作最好穿拖鞋或软底布鞋。

家政服务员的着装要符合自身职业身份,搭配合理,衣着要符合雇主家庭的审美习惯,不应穿低领、开叉、挎带、过紧、过透、过短的服装。不在工作时佩戴饰品。

家政服务员应保持头发干净,梳理整齐不零乱,长短适宜,不染发,不披头散发,不留过于时尚的发型。保持手部清洁,不留长指甲,不涂指甲油。

二、仪态规范

家政服务员应保持体态优美,端庄典雅。站立时,应头正肩平,身体立直。

家政服务员在入座时应保持轻稳,上身自然挺直,头正肩平,手位、脚位摆放合理。应合理使用不同坐姿:男士可将双腿分开略向前伸,如长时间端坐,可双腿交叉重叠,上面的腿向内回收,脚尖向下。女士两腿并拢,双脚同时向左或向右放,两手叠放于左右腿上。如果着裙装,入座前应先将裙角向前收拢;如果长时间端坐,可将两腿交叉重叠,但上面的腿向回收,脚尖向下。

家政服务员离座时应注意:离开座位时,身旁如有人在座,须以语言或动作向其示意,方可站起;地位低于对方时,应稍后离开,双方身份相似时,才可同时起身离座;起身离座时,最好动作轻缓,无声无息。离开座椅时,从坐椅左侧离开,先站定后,再行离开。

家政服务员下蹲时,应并拢双腿,与客人侧身相向。应保持一脚在前,一脚在后,两腿向下蹲,前脚全着地,后腿脚掌着地。切记不要突然下蹲,下蹲时不要距人过近,不要毫无遮掩。

家政服务员在对客人服务时应注意微笑,与人交流时要正视对方,目光柔和,表情自然,笑容真挚。

三、常用礼仪规范

家政服务员在工作时如果需要与他人握手,应注意伸手的先后顺序:一般是上级在先、主人在先、长者在先、女性在先。握手时间一般在2~3秒,握手时力度轻柔,同时要注视对方。

家政服务员在服务时如果向他人递送表格、签字笔、物品时应保持将物品的看面朝向对方,双手将物品直接交递到对方手中。注意在递送带尖、带刃的物品时,尖、刃应朝向自己。

家政服务员在服务时如果需要向他人递送个人或公司名片时应注意:向他人递送名片时,应将名片的看面朝向对方,双手直接递到对方手中。在接受对方名片时,应双手捧收,认真拜读,礼貌存放,及时致谢。

家政服务员在服务时如果在雇主家庭或房屋走廊遇到邻居或服务对象,坚持应缓步、稍停步或向旁边跨出一步,礼貌示意对方先行。

家政服务员在服务时应注意,未经雇主允许不要随意进出雇主或家人房间,进出房间时,应站立端正,敲门并轻声通报身份。离开房间时,应面对他人退出房间,开关房门动作轻缓。

家政服务员在服务时应注意,如需当着雇主及其家庭成员的面开展清洁工作或其他服务工作时,应尽量避免打扰对方,迅速、快捷地开展服务。

家政服务员在服务时应注意,应尊重他人隐私和生活习惯,不翻看他人的文件,不对他人的私人物品和个人活动表示好奇,不随意改变他人物品的摆放位置。

家政服务员在服务时,如果需要引领服务对象出入电梯,应该注意先入后出。先入后应靠电梯边侧站立,按住电梯开门键,出电梯时同样按住电梯开门键,等其他人离开后再出电梯。

家政服务员在工作时如果需要为他人引路,注意应走在客人左前方的 2～3 步处；注意走在走廊的左侧，让客人走在路中央；在楼梯间引路时注意上楼梯时客人先上，下楼梯时客人后下；在拐弯或楼梯台阶的地方应提醒对方"注意台阶"等。

家政服务员在接受雇主批评提醒时，应注意认真倾听对方说话，目视对方，不要忙于辩解，对雇主愿意把出现的问题告诉自己表示感谢，尽量把要采取的解决办法告诉雇主。

家政服务员在参与迎送雇主家庭成员或接待客人时，可以主动迎送客人上下车。开关车门动作应轻缓，适时为客人护顶。在参与和客人告别时，可以微笑着注视对方，直到对方走出个人视线后再离开。如果遇到下雨时，可以带着雨伞迎候，为服务对象打开车门时可以站在车门一侧为对方撑伞。如需要帮助装卸行李时，注意轻拿轻放、摆放有序，行李不离开对方视线范围。

四、文明服务用语规范

家政服务员应针对不同的服务对象保持使用不同的文明规范的服务用语，称谓恰当，用词准确，语意明确，口齿清楚，语气亲切，语调柔和。在服务中，用词用语要力求谦恭、敬人，忌用粗话、脏话、黑话、怪话，以展示家政服务员良的好个人教养。

根据惯例，对他人的称呼有正式场合与非正式场合之分。正式场合使用的称呼，主要分为三种类型。第一种是泛尊称。例如称呼"先生"、"小姐"等。第二种是职业加泛尊称。例如称呼"司机先生"、"秘书小姐"等。第三种是姓氏加职务或职称。例称呼"张经理"、"王教授"等。

家政服务中如果需要称呼多位对象时，要分清主次，规范的做法是：由尊而卑或由近而远。在进行称呼时，先长后幼，先女后男，先上后下，先疏后亲，或者先对离自己比较近的先称呼，然后依次称呼他人。

问候用语：服务过程中进行问候，在正常情况下首先应当由身份较低的向身份较高的进行问候,标准的问候用语是:在问好之前,加上适当的人称代词,或者其他尊称。例如"你好"、"您好"、"大家好"等。或者采用时效式问候用语,比如"早上好"、"中午好"、"晚上好"等。

祝贺用语:在服务中,有时需要使用祝贺用语。比如"祝您成功"、"身体健康"、"节日愉快"等。

推托用语:在服务中,有时需要拒绝他人,这时最好保持温和友好的态度,尽量不说"不知道"、"做不到"等,可以尝试说"我帮你问问"。

请托用语:在服务中,有时需要请求他人帮忙或是托付他人代劳时,在向他人提出请求时,都要加上一个"请"字。

道歉用语:在服务中,如果出现差错时,应真诚地向他人道歉。常用的道歉用语主要有"抱歉"、"对不起"、"请原谅"等。

欢迎用语有:在服务中,需要常用的欢迎用语有"欢迎"、"很高兴见到你"等。如果和对方第二次见面,可在欢迎用语之前加上对方的尊称,以表明自己尊重对方。

送别用语:在服务中,我们需要常用的送别用语有"再见"、"慢走"、"您走好"、"一路平安"等。

致谢用语:在服务中,应该及时使用致谢语,在获得他人帮助、得到别人支持、得到他人理解或表扬、婉言谢绝别人时都要坚持使用"谢谢"。

应答用语:在服务中,常要使用的应答语有"是的"、"好"、"我会尽量按照你的要求去做"等。

服务忌语:家政服务员在服务中应该杜绝使用服务忌语,如:

(1)不尊重语。注意不要使用对他人有个人忌讳,尤其是有与其身体条件、健康条件相关的忌讳词语,如"残废"、"瞎子"、"聋子"、"胖子"、"矮子"等。

(2)不友好语。不使用充满怀敌意的语言、语气。

（3）不耐烦语。家政服务员在工作中要表现出足够的热情和足够的耐心，有问必答，百答不厌。

（4）不客气语。在服务中，如果需要劝阻他人，不说不客气的话语，如"不许乱动"等。

五、接听电话礼仪规范

家政服务员在接打电话时，应该保持发音清晰，语调柔和，语速适中，音量适宜，语言简练，表述准确，耐心倾听。通常，电话铃响10秒内应及时接听电话，先简单做自我介绍，结束通话时应向对方说"谢谢"，确认对方完成通话以后再挂断电话。动作要轻柔。

家政服务员在替雇主家庭成员转接电话时，应说"请稍候"；如果雇主及其家庭成员暂时不能接听电话，服务员应及时告知来电者，并主动帮助来电者留言。

家政服务员在接打电话时应注意：要和对方交流的事情应做好准备，清楚地交谈，不要长时间占用电话。如果不能迅速接听电话，应在接听时表示歉意，说"对不起，让你久等了"；如果是对方打错电话，应礼貌告知"对不起，你打错了"，轻轻挂断电话。如果有人来电话时刚好没能接听，在听人转告后要及时回复，回电话时应说"对不起，让你久等了"。

家政服务员在使用个人手机时，应注意合理设定手机振动或铃声。铃声应与自己的职业身份相匹配，音量适宜，内容健康。

家政服务员在使用电话时应注意，在和他人谈话时不要中途打断谈话接听电话，不要高声接听电话，不要当众长时间接听电话。

六、养成良好的生活习惯

家政服务人员进入到雇主家庭生活中，成为雇主家庭成员之一,除了应按各项规范开展工作外,家政服务员要尽可能地融入到雇主家庭生活中去,尽快熟悉和了解雇主的生活习惯,了解家庭成员饮食口味、个人爱好、作息时间习惯、日常生活习惯等,养成良好的作息时间和良好的生活习惯。

(1)家政服务员的衣着一般不用统一着装,但务必做到得体、朴素,不要穿硬底鞋、高跟鞋、厚底的时装鞋在家里行走。

(2)个人衣服鞋帽等需要常换常洗,不要养成堆积几天后才洗的习惯,也不要把自己的衣物和雇主家庭成员的衣物一起洗,在清洗衣物时,养成内衣、外套、袜子分开洗的习惯。

(3)在工作中,养成做完家务工作后后才整理自己个人用品的习惯。

(4)家政服务员如果在雇主家庭中有自己的房间,要养成对自己的房间经常整理的习惯。尽量不在房间里随时挂着个人换洗的内衣、袜子等,尽量不要锁门,为防止室内有异味,要经常开窗透气。

(5)不要在雇主家里为他人存放物品及来历不明的物品,特别是易腐、易燃、易脏、有异味的物品。

(6)养成保护房间设施的习惯,不要在墙上、家具用品上刻画,保持门窗玻璃明亮干净。

(7)务必养成要经常洗澡、修剪头发及指甲的习惯。

(8)养成节约水电的好习惯。

(9)如果个人有事外出,应事先和雇主说明,便于雇主提前安排家务,也为自身安全考虑。

(10)不要自作主张在雇主家里饲养鱼、猫、狗等任何小动物。

(11)不要为人小气、固执任性,不随意与雇主和请来的客人开玩笑。

(12)不要养成好奇心过重、打听别人隐私、议论他人长短的习惯。

(13)不要养成穿着睡衣、口嚼食品与他人聊天、看电视的习惯。

（14）不要养成长时间占用洗手间的习惯。

（15）不要养成爱乱翻东西、乱用别人生活物品、随意坐卧的习惯。

（16）养成接触食品时不直接用手的好习惯，倒茶、斟酒、上汤上菜时注意不要将手指搭在杯、碗、碟、盘边沿，更不能浸泡在其中。

（17）为家庭成员准备茶水饮料时也应养成良的好卫生习惯。更换茶具时，尽量使用托盘，或拿茶杯、茶碗的把，手指不触及茶具内壁；取水杯时要拿水杯的底部，手指不触及杯具内壁；如果要使用杯具取水或取用暖瓶时，倾斜度都不要太大，以免将水洒落在地板上；茶碗、水杯不要攥在一起拿。

（18）养成良好的个人用餐习惯。使用筷子时，如果桌上有箸架，应将筷子放在箸架上面，也可以将筷子放在骨碟上；个人所盛的饭、菜要尽量吃完，不浪费；用餐时小声交谈，不要影响他人。

第三章 家庭烹饪

一、家庭烹饪卫生要求

（一）家政服务员卫生基本要求

家政服务员在从事家庭烹饪工作以前务必养成良好的卫生习惯，保持个人清洁卫生和厨房清洁卫生。为了保证清洁，个人要经常洗澡，在厨房内任何时间最好都佩戴厨帽和围裙，且围裙要保持清洁整齐。每天入厨前后要认真清洁双手和手指甲，保持手指甲内清洁。在准备完生食物后再处理其他食品之前都要洗手。接触家庭宠物如狗、猫、鸟类后再接触食物前要洗手。头发要时常清洗，处理食品前应盘起或扎在脑后，上过洗手间后一定要香皂或洗手液洗净双手，处理食品前要先摘掉手表或其他装饰物。在厨房工作过程中不用手抓头，不用手触摸脸部，打喷嚏时尽量离开厨房或用手遮住，以免细菌传播。

家政服务员要认真遵守厨房卫生要求，保持厨房和用具表面的清洁。为防止食物受到污染，准备食物所使用的任何面板必须保持清洁。接触盘子和器具的布片应经常更换，二次使用之前应经过蒸煮处理。做到墩、板、刀具、冰箱、食品盛装物品保持生熟分开，食品成品和半成品分开保管、餐具烹调工具、食品容器及时清洗并保持洁净，注意保持厨房下水道畅通，注意防蝇防鼠。

（二）家庭烹饪卫生基本要求

（1）家庭烹饪时务必选择经过安全加工的食品。例如，要购买经过巴氏消毒的牛奶而不是生牛奶,选择新鲜的或经过辐射处理冷冻的家禽。

(2)食物烹调要彻底。许多生的食物,尤其是肉类、蛋类和未经过巴氏消毒的牛奶可能受到病原物的污染。彻底烹调可杀灭病原微生物。冷冻的肉、鱼及禽类食物,在烹调之前必须充分解冻。

(3)做好的食物应立即食用。当做好的食物冷却到室温时,微生物会开始大量繁殖。放置时间越长,危害越大。

(4)小心地储存熟食。如果家庭生活中准备食物或打算保存剩余食品,应确保食品在高温(60℃以上)或低温(10℃以下)条件下保存,但婴儿食品最好即食即用,不适合贮存。

(5)生熟分开。熟食品通过与生食物的接触会受到污染,应尽量避免生、熟两种食物接触。

(6)保持餐具清洁卫生。餐具要保持清洁,定期进行高温消毒。就餐时,应尽可能做到分餐或用公筷、公勺。

(7)妥善密封保存食物。多用封闭的容器盛放食物,避免动物、昆虫接触食物。

(8)不要用冰箱储存过热食物和过久储存食物。不要把大量热的食品放入冰箱,因为食物来不及降温、散热,易染上细菌。直接入口的食物不宜过久地存放在冰箱内。

(9)水果和生食的蔬菜在食用前应彻底洗净和消毒,最好将食物先放入沸水中漂烫30秒或用消毒液浸泡消毒后再冲洗。

(10)家庭烹饪时务必使用安全水源。对任何有疑问的水源,在加入食物中或将水制成冰块食用之前必须先将水煮沸。婴儿食物使用的水最好选用加热煮沸过的水。

二、家庭烹饪原料储存要求

(1)食品应分类保存,半成品与原料存放,生熟严格分开。

(2)食品做到先进先出先用,已变质或不新鲜的食品不放入冰箱内,食品不与非食品一起存放。

（3）冰箱应该定期化霜,保持霜薄气足,使其无异味、臭味。

（4）食品在冰箱里存放,要注意不能存放时间太久,通常情况下可以存放的时间是:

猪、牛、羊肉:冷藏 1～2 天;冷冻 3 个月。

鱼:冷藏 1～3 天;冷冻 3 个月至半年。

罐头食品（未打开）:冷藏 1 年。

苹果:冷藏 1～3 周。

柑橘:冷藏 1 周。

胡萝卜、芹菜:冷藏 1～2 周。

菠菜:冷藏 3～5 天。

鸡蛋:鲜蛋冷藏 1～2 个月;熟蛋冷藏 7 天。

牛奶和酸奶:均冷藏 5 天。

花生酱:冷藏 3 个月。

鸡肉:冷藏 2～3 天;冷冻 1 年。

面包:冷藏 3～6 天;冷冻 2～3 个月。

香肠:冷藏 2～3 天;冷冻 2 个月。

三、烹饪原料的初加工

烹饪原料初加工应坚持如下原则:蔬菜按一挑、二洗、三切的顺序加工;肉类食品加工时注意检查质量,是否腐败变质,加工后无血、无毛、无污物;水产品加工后无鳞、无腮、无内脏;如宰杀家禽需要放血完全,除净毛和内脏;初加工工具、容器冲洗干净,荤素分开使用;加工结束做冲洗清扫。

（一）新鲜蔬菜的初加工

（1）清除黄叶、老叶等不能食用的部分。

（2）清除蔬菜叶片背部和根部的虫卵泥沙等,保证饮食卫生。

（3）蔬菜必须先洗后切,否则原料中的营养成分会大量流失,也会加大原料被污染的机会。

（4）削剔蔬菜中不能食用的部分。白菜、菠菜要去除黄叶菜帮,去根去泥;芹菜要摘去叶片和老的根茎;竹笋、土豆、莴笋等要削皮;豆角需要去掉顶尖和豆蒂,撕去老筋;冬瓜、南瓜、丝瓜要削去外皮,去除瓜瓤。

（二）畜肉的初加工

畜肉的初加工通常是进行原料的洗涤,常见的方法包括:

（1）翻洗或冲洗。如处理肚、肠等内脏时,采用里外翻洗或直接向原料内灌入清水,清除污秽。

（2）搓洗。通常使用盐、醋等反复揉搓,除去异味和黏液。

（3）刮洗。使用刀具边刮边洗,除去外皮带有的污秽和余毛等。

（4）漂洗。使用清水漂洗质地鲜嫩、容易破碎的脑或脊髓等。

（三）禽类的初加工

（1）宰杀时注意务必割破气管和血管,将血流尽。

（2）煺毛时注意必须在家禽完全死亡的情况下进行。根据家禽的老嫩及天气季节的变化选用合适的水温和烫毛的时间,老鸡通常用90度的热水,嫩鸡用70~80度的热水,冬季水温宜高,夏季可以低些。鸭、鹅烫毛时时间可以略长,一般家禽煺毛从腿部、颈部、翅部开始,直至全身。

（3）开膛时通常可以采用腹部开膛、肋部开膛和背部开膛等方法,开膛后拉出内脏清洗。

（4）洗涤时注意:去除气管、食管、胆囊后,胗需要割去食肠,剖开清洗;肝需要在不破损的前提下摘去胆囊;肠需要清除附在肠上的白色胰脏后剖开清洗和搓洗,并适当予以烫洗。

（四）水产品的初加工

（1）水产品初加工时应注意除尽污秽和杂质,除尽水产品中带有的血污、黏液、寄生虫。

（2）水产品初加工时可以注意充分利用原料,如鱼头、骨、尾及虾头可以余汤。黄鱼腹中的鳔可以干制成鱼肚。

（3）刮鳞时首先要把鳍剪去,再刮鳞,然后去鳃、去内脏。去内脏时,不要碰破苦胆(海鱼通常无苦胆)。最后用清水洗去黏液和污秽。

（4）剥皮。剥皮适用于皮面粗糙、不能食用及不美观的鱼类,如马面鲀等。

（5）煺沙,对于皮面有沙粒的鱼类如鲨鱼等,要用热水烫,但不要汤破鱼皮。

（6）泡烫。对于皮面有较多黏液的鱼类,如鳝鱼、鲶鱼、娃娃鱼等,要先用开水烫去黏液,然后除去鳃和内脏,再洗涤。

（7）摘洗。对于软体水产品,如墨鱼、带鱼等,通常都要除去黑液、背骨、肠等,然后再冲洗。

（8）对于甲鱼、鳝鱼等,要单独宰杀后洗净。

（五）干货原料的初加工

干货原料的初加工又叫做干料涨发,烹调使用的干货原料由于其性质和干制方法不同,干硬的程度也各不相同。初加工的目的,是使干货原料重新吸收水分,最大限度恢复干货原有的鲜嫩和松软,去除干货中的腥臊气味和杂质,便于切配烹调,利于食用消化。

干料涨发的主要方法有水发、油发、盐发、碱发和火发五种方法,其中以水发和油发最为常用。

1. 水发

有冷水发和热水发两种方法:

（1）冷水发是把干料放在冷水中,使其自然吸收水分,基本保持干料原有的鲜味和香味。冷水发料的操作方法一般有浸发和漂发两种。浸发即把干料用冷水浸没,使其慢慢涨发,浸发的时间根据原料的大小老嫩、松软坚硬的程度确定。漂发即把干料放入冷水中,一般要用工具或手不断挤捏或使其漂动,将原料中原有的异味和泥沙漂洗干净。漂发时需要多次换水。比如香菇、口蘑、银耳、木耳等体小质嫩的原料,大多可以采用冷水发料;草菇、黄蘑等质地较老或带有涩味的菌类在用冷水发好后最好进行漂洗。

白木耳(又称银耳)、黑木耳等可以用冷水直接浸泡发料;冬菇和口蘑在发料时需放入无油质的容器中,倒入开水,泡至全部回软后捞出,剪去老根,漂净泥沙。

涨发猴头蘑时需要先用冷水浸泡24小时,再放入开水中泡3小时左右,再取出去掉老根洗净泥沙,在放入盆中加葱、姜、料酒、高汤并上笼蒸后可以得到半成品。

玉兰片和板笋是较坚硬的干菜,涨发率比较高,每500克玉兰片一般约可以发到2000克,每500克板笋可以发到3000克。涨发时不能用铁锅,以免造成原料变色;加热时不要火力过猛,以保证原料涨发均匀;涨发过程中要勤换水,以达到除去异味和保持洁白的效果。

涨发海带时用冷水浸泡到软绵状态,剪去根部,洗净泥沙与黏液即可。

涨发海蜇时,注意海蜇有蜇头、蜇皮之分,可以都采用水发方式予以涨发,直接用冷水浸泡洗去泥沙,再放入冷水中浸泡,注意勤换水,一般3天后即能漂去原料中的矾、盐味,并涨发到脆嫩的效果。

涨发蹄筋和鱼肚时,可以采用油发和盐发。先将原料用热水洗去油腻和灰尘,晾干后放入冷油锅内(油要多,否则涨发不开),慢火加热,不断翻动,使原料受热均匀。这时原料逐渐收缩,应将原料全部捞出,再将锅中的油温升高到呈热油锅时,放入已经温透的蹄筋,这时,原料就会以比较快的速度膨胀。

在冬季或急用时,也可以选择涨发时先在冷水中适当加些温水,以加快涨发速度。鱼翅、燕窝等在用热水发料时,要先在冷水中浸泡回软后再加热。海参、鱼皮、鱼翅等腥臊味重的原料,经过热水发料后还不能除尽异味,也可以先在冷水中浸泡回软后再加热。

(2)热水发是把干料放在热水中,促使原料加速吸收水分,成为松软嫩滑的全熟或半熟的半成品,具体的操作方法有泡发、煮发、焖发和蒸发四种。其中泡发是将干料放入热水中浸泡而不再继续加热,如银鱼、发菜、粉丝等;煮发是把干料放入水中,加热煮沸,如鱼翅、海参等;焖发是煮发的后续过程,煮发发料时,加热必须适度,不能用急火,煮的时间也不能太长;蒸发是将干料放入容器内,用蒸汽使原料发透,如干贝、鱼骨、鱼翅等可以采用蒸发的方法,这种方法适用于绝大部分肉类干制品及山珍海味干制品。

2.油发

即把干货原料放在油锅中,通过加热使之膨胀松脆,成为全熟的半成品,这种方法适用于胶质丰富、结缔组织多的干货原料,如蹄筋、干肉皮、鱼肚等。油发的原料多带有油腻,使用前可以先用热碱水洗去油腻,再用清水漂洗净碱液,然后浸泡于清水中待发。

3.盐发

盐发是把干料放在多量的盐中加热,使之膨胀松脆而成为半成品的方法,其作用和原理与油发基本相同。一般可以用油发的原料都可以用盐发。

4.碱发

碱发是一种特殊的发料方法,同水发有密切的联系。碱发能使坚硬的原料质地松软和涨大,如鱿鱼、墨鱼等干料用碱发最为适宜。碱发有用碱面发和用碱水发两种方法。

(1)用碱面发即把大块的碱制成粉末状,将原料用冷水或温水泡至回软,再将原料上沾满碱面,涨发时再用开水冲烫,然后用清水漂洗净碱分。

(2)用碱水发,是指将干货原料先放入清水中浸泡,使原料的外层变软,再放入配制好的碱溶液中,通过浸泡后使其涨大,碱水浓度越大,浸泡时间就可以较短。

四、一般主食制作技巧

（一）米类的烹制技巧

米类淘洗时会损失很多的营养元素，一般情况下，洗的次数越多，水温越高，浸泡的时间越长，营养元素就损失越多。所以。我们在从事家政服务时，应适当清洗，不要过于反复用力搓洗，不用热水烫洗，米类应当采用蒸煮的方法烹制。

（二）一般面食的烹制技巧

面食常用的加工方法有蒸、煮、炸、烙等。通常情况下，炸制的面食营养损失最大，蒸制面食时营养损失最少。我们南方人以大米为主食，而且目前家庭中面食主要采购成品回家食用，但在从事家政服务时，我们也应该掌握一些特色面食的烹制技巧：

1.蒸馒头

馒头的制作工序包括发面、施碱揉面、制形、蒸熟四个阶段。发面即是在普通的的面粉中放入适量的发酵粉，用水和匀，揉至不沾手后将面团放在盆中盖好，使其发酵。如果室内温度在10摄氏度以下，要放在火炉旁发酵。施碱揉面是指等面膨胀起来后把面取出放在面板上加上适量的食用碱边加边揉，直到闻不到酸味为止，可以采用撕一块食指大的面团在炉边烤熟，掰开，如无黄色，鼻闻无酸味即施碱足够。制形即是把准备好的面按蒸屉的大小揉成圆条，然后用刀切成方块儿或用手罩在面板上将面块旋转轻揉，制成圆形。最后是上屉蒸熟，即将揉好的馒头按次序，预留一定间隔摆在蒸屉里，锅里的水要一直处于沸腾状态，尽量保证蒸屉不漏气，一般的馒头需要蒸1小时即好。

2.西红柿鸡蛋汤面

先炒鸡蛋，之后加水，放入西红柿片和盐，待水开后放入面条煮熟，再加入胡椒、味精等调味品即可。煮面的时候水要多放，这样面下去后就不会粘在一起，要时时搅动，面条煮开后可以用冷水激一下,这样可以让面条内部熟透。如果喜欢吃蔬菜的话可以在开始烧水的时候就把菜秆先放入,快出锅时再放菜叶子。汤面讲究宽汤少面,这样吃的时候口感比较好。如果吃拌面应先把面条捞出后放进冷水里撺一下,再将水蓖干,这样拌出的面不会稠、不粘连,再放入几滴香油,口感极佳。

3.炒面

将小白菜、肉丝、香菇丝等原料洗净后准备就绪。先用大火炒肉丝,后加入白菜、香菇、面条烹炒拌匀后,再改用中火炒,最后加盐、胡椒、少许味精,再改小火炒,最好在炒的同时用筷子把面条抖松,使面条和作料尽量拌匀。

3.鸡蛋炒饭

将锅置火上,舀入油烧热,倒入搅匀的鸡蛋液开始炒蛋,然后加饭、小葱末,炒至饭热,加盐、胡椒、少许味精,再翻炒均匀即可。做鸡蛋炒饭的时候,米饭最好先放在冰箱中冷藏一下,这样炒出的米粒完整饱满,不会粘在一块。

4.包馄饨

选用好馄饨皮,将肉馅放中间,在馅的外围皮子上用食指沾清水画个圆,然后将皮子的下沿往上折,使两个半圆重合,用两食指沿水迹压在上面扫一下,使其粘合,再将皮子折合后的底边两角在肉馅的下面粘合。用大馄饨皮子,一般呈等边梯形,将短边面对自己。用小馄饨皮子时左手抓皮子,右手拿筷子或宽冰淇淋棍沾点肉馅,刮在皮子中间,捏紧即可。可以在每个馄饨里加一点虾仁,馄饨的汤里加盐、胡椒、紫菜、味精、榨菜丁、油、小葱末等,口感更加鲜美。

五、一般菜肴烹调技法

(一)蒜蓉木耳

材料:木耳。调料:蒜蓉、葱、姜、精盐、白糖、醋、鸡精、胡椒粉、香油。制作时将干木耳用水泡开、洗净,用开水焯一下。捞出来沥干放在盘子里面。再将蒜蓉放入一个小碗里面,加入精盐、白糖、醋、姜末、蒜搅拌均匀。最后把锅放在火上放香油,油热了以后,把油倒入小碗里面,加入鸡精、胡椒粉,搅拌均匀,倒到盘子里面拌均匀即可。

(二)双椒皮蛋

材料:皮蛋、青椒、红辣椒。调料:蒜末、酱油、香油。制作时将青椒、红辣椒放入锅里干煸片刻,然后去掉水分,倒出后切成碎末,再把皮蛋去皮,切成片放入盘中排好。再将切碎的青椒、红椒、蒜末混合,放入香油、酱油调匀后淋在皮蛋上。

(三)凉拌海带

材料:水发海带。调料:盐、鸡精、白糖、料酒。制作时将海带水发洗净,用开水焯熟,取出,凉了以后切成丝放入盘中,倒入调料,搅拌均匀。

(四)香肠

做法通常是将香肠切片,隔水蒸烂,也可以先将蒸好的香肠倒入炒好的青椒里炒。

(五)炸鸡翅(腿)

做法通常是将市场购买的鸡翅(腿)洗净沥干水分后,放盐、胡椒、少许味精,腌制1小时左右,然后把鸡翅(腿)放在蛋清里拖一下,再沾上面包屑或专用配料,然后放在油锅里炸,先用小火炸熟,再用大火使其外表呈金黄色。

(六)排骨海带汤

将生排骨、海带加冷水,用中火烧开。然后改微火,保持似开非开的状态,炖至排骨烂,加盐即可。

(七)西红柿炒鸡蛋

材料:西红柿、鸡蛋。配料:植物油、盐。制作时将西红柿切成块,再将鸡蛋打开放入碗中拌匀,放入少许的盐,在锅内放入适量的油,最好放入相当于鸡蛋液体 2/3 的油,等油热时倒入鸡蛋液,等鸡蛋液凝固时,用炒勺从鸡蛋的边缘进入,将鸡蛋翻过来煎一下后把西红柿倒入,放入少许盐翻炒。

(八)家常豆腐

材料:豆腐、时鲜蔬菜(建议不使用菠菜)。配料:植物油、盐、鸡精、葱姜蒜、酱油。制作时将豆腐切片,整齐平放在盘子里,蔬菜洗净切好。在锅中放油烧热,将豆腐下锅煎制,注意多翻面,等到豆腐两面变黄时,把事先切好的葱姜蒜、配好的蔬菜倒入,再放酱油、盐和汤、鸡精烹制。

(九)炒肉丝(片)

材料:猪肉、时鲜菜蔬。调料:植物油、盐、鸡精、葱姜蒜、酱油。制作时先将猪肉切丝(片),切的时候要注意顺着猪肉的纹理切,把肉丝(片)放进碗里,加盐、料酒,打进一个鸡蛋,搅拌均匀,再将蔬菜洗好切段。当锅里的油热的时候,放入葱姜蒜爆香,将肉丝(片)放入,放酱油,用炒勺推开,不让肉丝(片)粘连,等到肉丝(片)展开的时候,放入蔬菜、调料翻炒。

(十)清蒸鱼

注意可以将鱼的重量控制在 600 克左右,这样摆在鱼盘中更加美观。在原材料初加工时,可以尝试将鱼脊骨从腹内斩断,防止鱼蒸熟后整体变形。将鱼收拾干净后在鱼体两侧抹匀猪油,再沾少许白酒;可以将约 50 克肉馅拌入一点酱油、麻油、盐、姜末、香菇末后放入鱼腹中,这样既可以使鱼味更鲜美又可撑起鱼腹,使蒸出的鱼形体饱满;注意要在蒸锅水开后再将鱼入锅,蒸 6 ~ 7 分钟即关火,关火后,别打开锅盖,利用锅内余温“虚蒸”5 ~ 8 分钟后立即出锅,再将预先备好的调料(酱油、醋、清油、很少的盐或不放盐)淋遍鱼身;可以取大块老姜切成均匀的细长丝,将大葱取中段切丝铺在鱼盘上,将鱼放入盘中后在鱼身撒些葱姜丝。

如果是清蒸鲢鱼或草鱼等稍大的鱼(重量应控制在 1000 克左

右),蒸的时间还可以延长 2～3 分钟;也可在鱼身下架两根筷子,使鱼离开底盘架空,这样一来可以使鱼身全面遇热快熟。

(十一)糖醋鲤鱼

材料:鲤鱼一尾。调料:葱、姜、料酒、酱油、糖、醋、盐、鸡精。制作时将鲤鱼去鳞洗净,若鱼较大,可在鱼肚上斜切几刀;将锅内放油烧热放姜片,再放鱼炸到两面微黄;后放入料酒、酱油、少许糖、葱、姜,再倒入开水用大火烧开转中火慢煮,待水烧到一大半时再加糖和醋。如在烹制过程中怕翻动鱼身时易碎,可不断向鱼面浇汁入味,最后放入鸡精、盐。

(十二)红烧带鱼

将带鱼清洁干净,每段按 6 公分左右切好,用少许盐、料酒,略腌制 15 分钟,再取一干净小碗,放入葱、姜、蒜、少许盐、少许糖、料酒、水、淀粉待用;另取一个小碗,放入一个鸡蛋搅拌均匀待用;制作时将炒锅放油,待到 8 成熟,放入姜片,将腌好的带鱼裹上鸡蛋放入油锅内煎至金黄;再把准备好的调料倒入煎好的鱼锅里,大火烧开,再转入小火,等汤汁变粘糊状即可。

(十三)油焖大虾

材料:对虾。调料:料酒 25 克、精盐适量、白糖 30 克、味精 5克、花生油 100 克、香油 25 克、大料 2 克、葱段 75 克、姜片 50 克、清汤适量。制作时将对虾冲洗,剪去虾须、虾腿,由头部虾枪处剪一小口,取出沙包,再将虾背剪开,抽出沙腺。待炒勺上火后放入花生油烧热,投入大料、葱段、姜片煸炒,再放入大虾煸炒出虾油,后烹入料酒,加入精盐、白糖、清汤烧开,盖上锅盖后用微火焖烤透,最后放入味精,淋入香油即可。

(十四)炖鸡

炖鸡时先将鸡肉倒入热油锅内翻炒,待水分炒干时,倒入适量香醋迅速翻炒,至鸡块发出爆响声时立即加热水用旺火烧十分钟,放入调料后再用小火炖 20 分钟,在汤炖好后温度降至 80～90 摄氏度时或食用前加盐。如在炖鸡时先加盐则煮熟后的鸡肉偏硬、口感粗糙。

六、家常菜肴的烹制技巧

（1）炒菜时应先把锅烧热，再倒入食油，然后再放菜；小白菜、豆芽之类要大火快炒，待到快炒熟的时候再放盐。

（2）烧红烧肉或牛羊肉时，最好不放盐，主要加生抽，可以考虑买一瓶张裕牌的金奖白兰地当料酒，一般烧红烧肉要先放油，待油热后放肉，用大火炒至水干，加少量白兰地炒干，再加"老抽"或"生抽"然后放水后用大火烧开，在改用微火烧烂了，收干水后加胡椒和少许味精。

（3）羊肉去膻味时可以将萝卜块（或放几块桔子皮）和羊肉一起下锅，半小时后取出萝卜块即可；或按每公斤羊肉放绿豆5克的比例，煮沸10分钟后，将水和绿豆一起倒出。

（4）煮牛肉时为了使牛肉炖得快，炖得烂，可以加入一小撮茶叶（约为泡一壶茶的量，用纱布包好）同煮，肉很快煮烂且味道鲜美。

（5）煮骨头汤时可以加一小匙醋，可使骨头中的磷、钙溶解于汤中，并可保存汤中的维生素。

（6）煮肉汤或排骨汤时可以放入几块新鲜桔皮，不仅味道鲜美，还可减少油腻感。

（7）煮蛋时水里加点醋可防蛋壳裂开，事先加点盐也可；而煮海带时可以加几滴醋或放几棵菠菜，这样容易将海带煮烂。

（8）煮火腿之前可以将火腿皮上涂些白糖，这样容易煮烂，并且味道鲜美；而煮猪肚时，不先放盐，等煮熟后再放盐，这样猪肚不会变硬。

（9）煮水饺时，在水里放一颗大葱或在水开后加点盐，再放入饺子，这样饺子味道鲜美不粘连；或在锅中加少许食盐，锅开时水也不容易外溢。

（10）煮面条时加一小汤匙食油，面条不会粘连，并可防止面汤起泡沫、溢出锅外；或在锅中加少许食盐，煮出的面条不易烂糊。

（11）熬粥或煮豆时不放碱，否则会破坏米、豆中的营养物质。

（12）用开水煮新笋容易熟，且松脆可口。

（13）炖肉时，在锅里加上几块桔皮，可除异味和油腻并增加汤的鲜味。

（14）炖鸡时在锅内加二三十颗黄豆同炖，熟得快且味道鲜；或在杀鸡之前，先给鸡灌一汤匙食醋，然后再杀，容易煮烂。

（15）鸡鸭如果只是用猛火煮，则入口时肉硬不好吃；如果先用凉水和少许食醋泡上2小时后再用微火炖，肉就会变得香嫩可口。

（16）烧鸭子时，把鸭子尾端两侧的臊豆去掉，这样味道更好。

（17）烧豆腐时，加少许豆腐乳或汁，味道芳香。

（18）油炸食物时，可以在锅里放少许食盐，这样油不容易外溅。

（17）炸土豆之前，可以先把切好的土豆片放在水里煮一会儿，使土豆皮的表面形成一层薄薄的胶质层，然后再用油炸。

（18）炸鸡肉时可以先将鸡肉腌一会儿，封上护膜放入冰箱，待炸时再取出，炸出的鸡肉酥脆可口。

（19）煎鸡蛋时，在平底锅放足油，油微热时蛋下锅，鸡蛋慢慢变熟，外观美且不粘锅，或在热油中撒点面粉，蛋会煎得黄亮好看，油也不容易溅出锅外。

（20）炒茄子时，在锅里放点醋，炒出的茄子颜色不会变黑。

（21）炒土豆时加醋，可避免烧焦，又可分解土豆中的毒素，并使色、味相宜。

（22）炒豆芽时，可以先加点黄油，然后再放盐，这样能去掉豆腥味。

（23）炒肉片时可以将肉切成薄片后加酱油、黄油、淀粉，打入一个鸡蛋拌匀，炒散；等肉片变色后，再加佐料稍炒，则肉片味美鲜嫩。

（24）炒牛肉丝时可以用盐、糖、酒、生粉（或鸡蛋）拌一下，加上生油泡腌，30分钟后再炒。

（25）做糖醋菜肴，一般按2份糖1份醋的比例调配，可以做到甜酸适度。炒糖醋菜时应先放糖，后放盐，否则会造成菜外甜里淡。

（26）做肉丸子时可以按50克肉10克淀粉的比例调制，这样肉质软嫩。

（27）做滑炒肉片或辣子肉丁时，按50克肉5克淀粉的比例上浆，菜鲜嫩味美。

（28）做馒头时，如果在发面里揉进一小块猪油，蒸出来的馒头不仅洁白、松软，而且味香；或者蒸馒头时掺入少许桔皮丝，可使馒头增加清香。如果蒸馒头时碱放多了，可以在原蒸锅水里加2~3汤匙醋，这样再蒸10~15分钟馒头可以变白。

（29）炒有辣椒的菜时可以在炒辣椒时加点醋，这样辣味大减。

（30）如果煮汤时汤太咸又不宜兑水的情况下，可以放几块豆腐、土豆或几片番茄到汤中；也可将一把米或面粉用布包起来放入汤中。

（31）油炸花生米后，趁热撒上少许白酒，稍凉后再撒上少许食盐，这样一来即使放置时间较长也能保持酥脆。

（32）菜籽油如果有异味，可以把油烧热后投入适量生姜、蒜、葱、丁香、陈皮同炸片刻后油可变香。

（33）腌制泡菜时如果在泡菜坛中放入十几粒花椒或少许麦芽糖，可防止产生白花。

七、厨房工作小技巧

（1）家庭烹饪时如何使佐料最入味。在长时间的煮炖食品时，应该将佐料汁分为两份，在刚开始炖时倒入一半，等到味道变浓时，在把剩下的一半全部倒入，这样才会使调料最入味。

（2）怎样防止食盐返潮。纯净的精盐一般不会返潮。如果将盐炒热后再晾放，就不会返潮了。

（3）如何洗蛋迹。蒸炖蛋后，碗里常常粘附蛋的痕迹，而且粘得很牢，不容易清洗。只要在碗里放一点食盐，然后用手和着水轻轻擦洗就很容易被除掉了。

（4）洗大肠的妙法。如何洗去大肠的异味是洗大肠关键，可以把肥肠放入淘米水中搓洗，再将半罐可乐放入，腌半小时再洗，能迅速洗去大肠的异味。

（5）宰鱼碰破了苦胆怎样除苦味。宰鱼时如果碰破了苦胆，鱼肉会发苦，影响食用。鱼胆不但有苦味，而且有毒。但是在沾了胆汁的鱼肉上涂些酒、小苏打或发酵粉，再用冷水冲洗，苦味便可消除。

（6）如何去除铜质厨具上的锈迹。用细木屑、滑石粉、麦麸子、醋拌成糊状，涂在生锈的铜器上，风干后，铜锈就容易脱掉了。

（7）厨房铝制品热擦去油污。铝制品用久后，表面会粘上油污。可在铝制品煮烧食物时，趁热用较粗糙的纸在其外沿用力擦拭，就可去除油污。

（8）巧除厨房地面油污。厨房地面油污多，不易擦净。除了使用专门的清洁剂外，擦地前可用热水将油污的地面湿润，使污迹软化，然后在拖把上倒一些醋，再拖地，就能去除地面上的油污。

（9）豆腐和豆浆应如何保存。豆腐和豆浆是富含蛋白质的食品。但是蛋白质是细菌的良好的培养基，如果豆腐和豆浆放置在温度较高的环境，极易腐败。夏季最好当天食用，春、秋、冬季储存不要超过 3 天。工业化生产的盒装豆腐在 2～8℃下,一般可保质 7 天;工业化生产的袋装(复合薄膜)豆腐在 5～10℃下,一般保质期为 3 天。

八、家庭膳食营养知识

家庭膳食营养讲究的是平衡膳食、营养合理、促进健康。

(一)家庭膳食应保持食物多样化

人类的食物是多种多样的。各种食物所含的营养元素都不完全相同。除母乳外,任何一种种天然食物都不能提供人体所需的全部元素,必须要由多种食物组成,才能满足人体各种营养需要,具体包括以下五大类食物:

1.谷类及薯类食物

谷类包括米、面、杂粮等,薯类包括马铃薯、甘薯等,主要为人体提供碳水化合物、蛋白质、膳食纤维及 B 族维生素。

2.动物性食物

包括肉、禽、鱼、蛋、奶等食物,主要为人体提供蛋白质、脂肪、矿物质、维生素 A 和 B 族维生素。

3.豆类及豆制品食物

包括大豆及其他豆类食物,主要为人体提供蛋白质、脂肪、膳食纤维、矿物质和 B 族维生素。

4.蔬菜、水果类食物

包括鲜豆、根茎、叶菜、茄果等,主要为人体提供膳食纤维、矿物质、维生素 C 和胡萝卜素。

5.纯热量食物

包括动植物油、淀粉、食用糖和酒类等,主要为人体提供能量。

(二)家庭膳食营养搭配

家庭膳食除了要保持食物多样化以外,还要注意粗细搭配,经常吃一些粗细、杂粮等,选用不要碾磨得太精的稻米、小麦等谷类食物对健康也很有益处。另外三餐要搭配合理,一般早、中、晚餐的食物能量要占到总能量的 30% 、40% 、30% 。同时还要注意营养搭配:

1. 多吃蔬菜、水果和薯类

蔬菜、水果中含有丰富的维生素、矿物质和膳食纤维,能起到保持心血管健康、增强抗病能力、减少儿童发生干眼病危险及预防某些癌症等的作用。

2. 常吃奶类、豆类或其制品

奶类食物除含丰富的优质蛋白质和维生素外,含钙量较高,并且食品吸收率很高,是人体补充钙质的极好来源。豆类食物中含大量的优质蛋白质、不饱和脂肪酸、钙及维生素 B_1、B_2 等。

3. 经常吃适量的鱼、禽、蛋、瘦肉,少吃肥肉和荤油

鱼、禽、蛋、瘦肉等食物是优质蛋白质、脂溶性维生素和矿物质的良好来源。肥肉和荤油为高能量、高脂肪食物,摄入过多往往会引起肥胖,也是导致某些慢性病的重要原因。

4. 保持每天进食量与体力活动的平衡,保持适宜体重

人每天的进食量与个体开展的体力活动是控制体重的两个主要因素。如果进食量过大而活动量不足,多余的能量就会在体内积累脂肪,增加体重,引起人体发胖;如果进食不足而劳动量或运动量过大,人体产生能量不足,引起消瘦。脑力劳动者和活动量较少的人应加强锻炼,多参加适合的运动。儿童应该增加进食量和油脂的摄入,以维持正常生长发育和适合的体重。

5. 尽量吃清淡少盐的食品

多吃清淡食品有利于健康,膳食不要太油腻、太咸,不要食用过多的动物性食物和油炸、烟熏的食物。世界卫生组织建议每人每日食盐量应不超过 6 克。

6. 保持限量饮酒

无节制地饮酒,会使人食欲下降,食物摄入量减少,导致缺乏多种营养元素,还可能会造成肝硬化,增加患高血压、中风等疾病的危险。严禁酗酒,青少年更不应该饮酒。

九、家庭宴会服务

家庭宴会是雇主在宴请重要客人或亲朋好友时可能采用的方式,宴会的特点是尽量体现气氛热烈和形式隆重,可以采用方桌、圆桌宴请,一般每桌8～10人。宾客的席位通常由主人提前指定。

(一)家庭宴会的内容

宴会菜肴要注意色、香、味、形、器的配合,不仅每个菜肴要注意,还要注意整桌宴席的平衡。注意宴席"色的配合",即在筵席菜肴中,菜与菜之间的色调配合,互相烘托,不单调;"宴席原料的配合",在宴席菜肴选料方面尽可能包括家畜类、家禽类、水产类以及刚上市的原料;"滋味的配合",各种菜肴在口感上应该尽量防止重复,尽量使每一道菜的口味都有特色;"盛用器具的配合",菜肴的盛用器具要尽量体现符合不同菜肴的色彩和形态,起到一定的衬托作用,汤盘、炒盘、腰盘、圆盘尽量不混用。

宴会菜肴一般包括冷菜、热炒菜、大菜、甜菜(或甜汤)、点心五大类,大都还配置水果。在配置宴席时,要保持冷菜、热炒、大菜、点心、甜菜在整个宴席中各类菜肴质量的均衡,防止冷盘过分好或热炒菜过分差等,一般冷盘约占10%,热炒约占40%,甜菜与点心占50%。

(1)冷菜。冷菜也称冷盘。一般用什锦拼盘或四个单盘、四双拼盘、四三拼盘或采用花色冷盘,并配上四个、六个、八个小冷盘组成。

(2)热菜。一般采用滑炒、煸炒、干炒、炸、熘、爆等多种烹调方法调制。

(3)大菜。一般要求由整只、整块或整条的原料烹制而成,装在大盘或大汤碗中。

（4）甜菜。一般采用蜜汁、拔丝、冷冻、蒸烹调方法烹制而成。

（5）点心。一般常用糕、团、粉、包、饺等品种。

（6）水果。一般常用苹果、梨子、橘子、西瓜等，或用几种水果制成水果拼盘。

（二）家庭宴会上菜程序

在筵席中，每种菜肴上菜的原则是先冷后热，先炒后烧，先咸后甜，先淡后浓。一般的上菜程序是小吃→冷盘→汤→头菜→炒菜→甜菜→饭菜→点心→水果。上菜从质量上讲，是质优的先上；从烹调方法上是先上滑炒、爆炒的菜肴，再间隔上其他烹调方法烹制的菜肴。大菜也是先上质优价贵的，中间要上能调剂口味的菜，然后再上其他大菜。

（三）家庭宴会服务规范

（1）家庭宴会开始前，家政服务员应积极协助雇主，根据宴请宾客的情况对餐桌作适当设计，餐桌布置讲究实用美观。摆放菜点时，应尽量按上菜顺序摆放。

（2）客人到后，家政服务员应根据雇主事先安排好的座次安排不同宾客的就餐座位，引领入座并向客人祝用餐愉快。

（3）厨房出菜后，家政服务员应及时协助上菜。传菜时尽量使用托盘，托盘干净完好，端送平稳。如果直用餐具上菜，应注意手坚决不能接触到菜肴，并且最好留短发或将头发盘起，保持服务卫生。

（4）摆放菜肴应实用美观，尊重客人的选择和饮食习惯，尽量不要在餐桌上叠放餐具，及时撤换食品已经基本吃完的餐具。

（5）当所有菜肴上齐后，应轻声告知主人菜已上齐，便于主人考虑是否需要加菜。

（6）上汤、鱼等菜肴时，如果需要分菜，家政服务员在上菜展示后应及时将菜送至厨房，按宾客人数分好菜，注意操作卫生，分派均匀。

（7）家政服务员应以尽量少打扰客人就餐为原则，选择适当的时机撤盘、更换骨碟或为客人倒酒。撤盘或倒酒时注意不要把汤汁溅落到客人身上。

（8）家政服务员应根据实际情况，在不打扰客人的情况下，为吸烟的客人更换烟灰缸，注意烟灰不要散落在桌面。

（9）为客人斟倒酒水前，应洗净双手，保证饮酒器具清洁完好。斟酒前要先向宾客展示酒品，再当众开瓶，并在征得主人同意后，先宾后主、先女士后男士依次斟倒。

（10）为客人服务热饮或冷饮时，可以事先预热杯具或提前为杯子降温以保证饮料口感纯正。为宾客服务冰镇饮料时，可以擦干杯壁上凝结的水滴，防止滴落到桌子上或客人衣服上。

（四）家庭宴会的台型布置

宴会的台型布置一般要求注意突出主桌，台型布置的原则是"中心第一，先右后左，高近低远"，桌椅排列要整齐，并留有通道。

（五）家庭宴会的餐具摆放

家庭宴会的餐具摆放可以参考中餐宴会的摆台，并根据雇主家庭实际情况合理摆放。

第四章 家庭保洁

家庭居室卫生通常会受到多方面的影响和污染,主要有三类:一类是化学污染,比如装修、家具、玩具、煤气热水器、杀虫喷雾剂、化妆品、抽烟、厨房的油烟等,主要是挥发性的有机物;另一类是物理污染,主要来自室外及室内的电器设备,包括噪声、电磁辐射、光污染等;第三类是生物污染,比如使用地毯不当,毛绒玩具、被褥中的螨虫及其他细菌传播。因此,家政服务员必须具备比较扎实的家庭卫生保洁知识。

家庭保洁是指家政服务员利用清洁设备、清洁工具和药剂,对家庭住宅环境、生活设施及物品所进行的整理、清洁、杀菌、消毒、护理、保养等系列活动。家庭保洁用品包括清洁设备、清洁工具、清洁剂、消毒剂等。

保洁用具包括:清洁布、清洁桶(盆)、铲(刮)刀、灰掸、吸尘器、推尘器、擦窗器、刮水器、清洁剂、伸缩杆、工作梯、防护手套等。

保洁剂包括:全能清洗水、玻璃清洗剂、瓷砖清洗剂、陶瓷清洗剂、去胶剂、除渍剂、酸性清洁剂、洁厕剂、不锈钢清洗剂、不锈钢光亮剂、家私蜡等。

一、家庭保洁的内容

家庭保洁的内容包括:家庭住宅环境保洁,如庭院、地面、墙面、顶棚、阳台、厨房、卫生间、门窗、隔断、护栏的保洁;家庭生活设施及物品保洁,如灶具、洁具、家具、电器、工具、玩具、衣物、窗帘的保洁;室内消毒、室内空气治理、病虫害防治等。

（一）厨房保洁

(1)厨房窗户、灯具、吊顶的保洁。

(2)厨房墙壁和橱柜的保洁。

(3)抽油烟机和排风扇的保洁。

(4)灶具和厨具的保洁。

(5)餐饮用具的保洁。

（二）卫生间保洁

(1)卫生间地面、墙面、吊顶的保洁。

(2)洗浴设备的保洁。

(3)便器设备的保洁。

(4)卫生间消毒及臭(异)味的去除。

（三）居室保洁

(1)墙壁与天花板的保洁。

(2)门窗及窗帘的保洁。

(3)家具的保洁。

(4)室内陈设物的保洁。

(5)地面保洁。

(6)室内空气治理。

（四）家用电器保洁

(1) 视听类家用电器的保洁。

(2)制冷类家用电器的保洁。

(3)电热类家用电器的保洁。

(4)工具类家用电器的保洁。

（五）物品保洁

(1)儿童玩具的保洁。

(2)衣物的洗涤、熨烫和保管。

二、家庭环境保洁卫生标准

（1）窗户及玻璃。目视无水痕、无手印、无污渍，光亮洁净。

（2）卫生间的标准。墙体无色差，无明显污渍，无涂料点，无胶迹，洁具洁净光亮，不锈钢管件光亮洁净，地面无死角，无遗漏，无异味。

（3）厨房。墙体无明显污渍、无涂料点和胶迹，地面无死角、无遗漏，厨房用品清洁干净。

（4）卧室及大顶标准。墙壁无尘土，灯具洁净，开关盒洁净无胶渍，排风口、空调出风口无灰尘、无胶点。

（5）门及框标准。依序清洗门头、门套、门框、门扇、门锁。要求达到无胶渍、无漆点、触摸光滑、有光泽，门沿上无尘土。

（6）地面标准。木地板无胶渍、洁净；瓷砖无尘土、无漆点、无水泥渍、有光泽；石材无污渍、无胶点、光泽度高。

（7）清洁卧室、客厅、餐厅、书房、阳台。主要包括开关、插座、供暖设施、柜体、家具类表面。

（8）清洁门厅。将进户门里门外清理干净。检查水源、电源、窗户是否关闭。

三、家庭基本环境的保洁清扫

（一）家居玻璃和窗帘的清洗

1.家庭玻璃清洗

一般要先用毛巾沾上稀释后的玻璃清洗剂，均匀地从上到下涂抹玻璃，污渍严重的地方多涂抹几次，然后用玻璃刮刀从上到下刮干净，再用干毛巾擦净框上留下的水痕，玻璃上的水痕也要擦拭干净。

清洁窗槽和窗台，用吸尘器吸出窗槽污垢。不易吸出的污物，用铲刀或平口工具配合润湿清洁布尝试清理，尽量使用不好的清洁布或废布。窗槽清理完毕,将窗台收拾擦净。

清洁纱窗,可用水冲洗纱网,再擦净纱窗窗框,晾干后再安装。

2. 窗帘清洗

首先要按照窗帘布料的品种来确定用什么方法和清洁剂来清洗,普通布料做成的窗帘可用湿布擦抹,或按常规放在清水中或洗衣机中轻柔洗涤。其他常见窗帘的清洗方法有:

(1)软百叶窗帘

在清洗前首先要把窗帘全部关好,在窗叶上喷洒适量清水或擦光剂,用抹布擦洗干净,即可较长时间使之保持清洁光亮。窗帘的拉绳处,可用一把柔软的鬃毛刷轻轻擦拭。如果窗帘较脏,则可用抹布蘸些温水溶开的清洁剂清洗,也可用少许氨水溶液擦抹除污。

(2)滚轴窗帘

先将窗帘拉下用湿布擦洗,由于滚轴通常是中空的,可以用一根细棍,一端系着绒毛伸进去不停地转动就能除去里面的灰尘。

(3)天鹅绒窗帘

首先把窗帘拆下来后浸泡在中性或碱性专用清洁剂中,用手轻压除去窗帘表面的污渍,洗净后让水分滴干。

(4)帆布或麻制的窗帘或静电植绒布窗帘

用海绵蘸些温水或肥皂溶液或氨水溶液混合的液体进行擦抹,待晾干后卷起来即可。静电植绒布窗帘不可以泡在水中揉洗或刷洗,需要用棉纱头蘸上少量酒精或汽油轻轻擦拭。如果绒布过湿,不能用力拧绞,以免绒毛掉落,可以用双手压去水分或让窗帘自然晾干。

(5)奥地利式花边窗

此类窗帘在清洗时要先用衣物吸尘器吸除花边上的灰尘,然后用柔软的羽毛刷轻扫。

（二）地面清洁保养

要看房子装修保养的好坏程度，其实只要看一眼地板就知道了，保养好的地板有光泽、无划痕，看着赏心悦目。保养不好的地板划痕累累、油漆脱落、没有光泽，怎么看着都不舒服。尤其是有小孩的家庭，因为常在地板上玩耍，更需要经常对地板进行合理的清洁保养。

无论是哪种质地的地板，清扫前要把地板上的异物捡拾起来，再用扫帚、吸尘器等将地板表面、地板角落的灰尘除去；然后最好使用专门的清洁剂、抛光蜡等，有针对性地对不同材质的地板实施清洁保养。

1. 石材地面的清洁保养

石材地面的清洁一定要使用中性或弱碱性的清洁剂，千万不能使用酸性清洁剂。清洁剂选择好后按照地面脏污的程度稀释好清洁剂并均匀地喷洒在石材表面，再用拖布来回拖动清除污渍。如果是角落或地板缝等不易清理的地方，可以用旧牙刷直接沾清洁剂清除污垢。但地面清洁好后最好用干的拖布将地面擦干，再用拖布粘上免抛光蜡在地板上拖动，待自然风干。

2. 木质地板的清洁保养

木质地板的清洁保养要注意，过多的水分渗透到地板里会造成地板发霉、腐烂。所以清洁地板时应尽量将拖把拧干，忌用湿拖把直接擦拭木地板，更不能用水直接冲洗。应使用木质地板专用清洁剂进行清洁，让地板保持原有的温润质感并预防木板干裂。如果想长时间保持地板光泽、亮丽，就要在地板清洁后等地板完全风干，再打上一层木质地板蜡保养剂。

3. 地毯地面的清洁保养

地毯除了需要经常用吸尘器进行除尘处理外，有时地毯也会因为长期踩踏或环境潮湿而藏有大量脏污或地虱，所以地毯还应该经常清洗。清洗地毯时最好先将窗户打开，避免清洁剂的味道滞留在屋内,并且地毯也不容易变干。地毯清洁的具体方法见后。

四、家具用品保洁净

(一)家具用品的擦洗

1. 选用合适的抹布

对于家具用品的保养一定要首先确定所用的抹布是否干净,家具应使用棉纱、软布轻擦,也可以采用毛巾、棉布、棉织品或者法兰绒布等吸水性好的布料来擦家具,不要用粗布或者不再穿的旧衣服当抹布,不要用水擦洗,更不要用肥皂水或碱水,如果水分渗透到木头里,还会导致家具木材发霉或局部变形,减短使用寿命。现在很多家具都是纤维板机器压制成的,如果有水分渗透进去了,甚至会引发家具发霉。

当然最好也不要用干抹布来擦拭家具表面的灰尘,否则细微的灰尘颗粒会在来回擦拭摩擦中损伤家具漆面,导致家具表面黯淡粗糙,失去光泽。

2. 避免破坏家具表面

如果因为开水或其他高温原因造成在家具的漆面膜上烫出白色斑痕时,如果烫痕过深,可以用碘酒轻轻抹在上面,或者把凡士林油涂在上面,隔日再用软布擦拭。也可以尝试用煤油或含酒精的花露水溶剂来擦拭,以去处烫痕。

3. 恢复家具光泽

如果想让家具恢复光泽,可以尝试在热水中加入少许食醋,然后用软布蘸醋水轻轻擦拭,待水完全干后再给家具上光或抛光,可使其恢复光泽。白色的家具时间一长,会变黄,可以尝试使用牙膏擦拭,但擦拭时不能太用力,否则会损伤漆膜。

4. 去除划痕

家具如果被小孩子用蜡笔涂画后,可以尝试用柔软的布沾上牙膏慢慢擦拭来清除蜡笔痕迹。

5. 藤制家具清洗

家庭如果使用的有藤编家具,这类家具的清洗也比较麻烦,藤编家具如果用普通洗涤剂刷洗会损伤藤条光滑的表面。因此最好使用淡盐水擦洗,不仅能除去藤条表面的污渍,还可使藤条柔软富有弹性并保持色彩鲜亮。同时可以用毛头软刷自网眼里由内向外拂去灰尘。如果是白色的藤椅,可以在洗刷时抹上一点醋,醋和洗涤剂中和后可以防止变色。

(二)床垫的保养和清洗

床垫的保养主要是清洁保养和使床垫受压均匀,在家庭定期清洁床罩和床单的同时,可以用吸尘器或湿抹布,将床垫上残留的皮屑、毛发清干净,用肥皂或清洁剂涂抹污渍,再用干布吸干水分或用吹风机吹干,否则可能会发霉并产生异味。同时可以在床垫上铺一层薄褥子或毯子,防止污渍直接渗入床垫内层。

在家庭生活中,很多人习惯长期坐在床垫边缘,常坐床垫边缘自然会使弹簧受力不均。另外,孩子常在床垫上蹦跳也会减少弹簧的使用寿命。家政服务员可以建议雇主每一两个月调换一下床垫的正反面和摆放方向,以延长床垫的使用寿命。

(三)沙发的保养和清洗

普通的皮沙发的清洁可以用家用领洁净加上清水稀释,将干净的软布浸湿拧干,在脏的地方轻轻擦拭即可;或到超市购买现成的皮革擦洗剂、保护剂,尽量用纱布蘸温水擦拭;或选用专门的泡沫清洁剂喷涂擦拭。家具护理喷蜡不要用来清洁及保养皮质沙发,家具护理喷蜡一般只用来喷涂木质家具表面,一旦喷蜡会导致皮革制品的毛孔堵塞,皮革会老化并缩短寿命。也不要随便用清洁剂清洁沙发,这样会使沙发的皮质褪色、变硬。

真皮沙发的保养通常可以采用如下方法:首先是真皮沙发开始使用前,用"沙发保养蜡"为沙发上一层保护膜;然后每月用"保养蜡"将沙发清洁保养一次。如果等到沙发很脏了再来清洁,就很难清洁到原样了。在保养过程中一定不要用自来水去擦洗真皮沙发，时间长了会使皮质变硬，失去柔软的感觉。

布艺沙发不易清理，可以首先在购买沙发时喷上布面保洁剂，以防止脏污或油水吸附。但如果发现沙发表面布织物粘有污渍时，可用干净抹布蘸水或专用的清洁剂从外向内抹拭，或采用沙发或地毯专用清洁剂，用干净的白布蘸少量药剂，在脏处反复擦拭，直至去掉污渍。不要大量用水擦洗，以免水渗入沙发内层，造成沙发内部边、框、架受潮、发生变形或沙发布缩水，影响沙发整体外观造型。

布沙发易积灰，所以要定期使用吸尘器等工具除尘，除尘不要让吸尘器的刷头紧贴布料，以免脏污反而留在布面上或将沙发的线头勾起。平时也可以简单采用干毛巾拍打的方式适当除尘。

沙发类家具如有大面积污渍，或是价格较为昂贵的高级沙发，最好找专业公司协助清洗。

（四）地毯的保养和清洗

家庭铺设地毯后，室内环境通常给人以高贵、华丽的感觉，但是如果地毯上沾满灰尘或被很脏乱，就像人们身上的衣服被弄脏一样，非常难看。而地毯的保养和清洗又是家庭卫生清洁工作中比较难实施的一项工作，可以分成专业清洗和日常保洁两种形式。

地毯专业清洗常用的方法是：用水抽洗方式清洗化纤地毯，需要先用大功率吸尘器对地毯全面吸尘，再将高泡地毯清洁剂按比例稀释好并注入发泡箱在地毯上全面喷洒高泡地毯清洁剂，10~15分钟后用洗地机抽洗，最少经过两次抽洗后用吸水机吸净水分，最后打开窗户或打开空调让地毯尽快变干。

还可以使用干泡清洗方式清洗纯毛地毯，先用大功率吸尘器全面吸尘，再用专用的地毯清洁剂将地毯上边的油渍、果渍等单独处理，然后稀释高泡地毯清洁剂，将稀释好的高泡注入水箱，并均匀地喷洒到地毯表面，用手刷处理地毯边缘、角落，再用装有打泡器、地毯刷的单盘扫地机以干泡刷洗的方式清洗地毯,最后采用开窗或使用吹风机等方式使地毯完全干透。

至于家庭日常清洗地毯,也可以尝试如下办法:

(1)用汽油或酒精等挥发性溶剂对油脂性的污渍进行清除。

(2)对于酱油汁的污渍可先用冷水刷洗,然后用洗涤剂即可除去。

(3)对于婴儿尿渍,可以用温水或10%的氨水液洗刷去除。

(4)对于果汁渍,可先用5%的氨水液清洗,再用中性洗涤剂洗净。

(5)纯毛地毯一般可以用柠檬酸、肥皂、酒精清洗。

(6)对于咖啡污渍和茶渍,可以用氨水洗除。

(五)家庭护理剂的选用

想要维持家具原有的亮度,主要采用家具护理喷蜡和清洁保养剂两种家具保养品。家具护理喷蜡主要针对各种木质、聚酯、油漆、防火胶板等材质的家具。家具清洁保养剂主要适用于各种木制、玻璃、合成木等材质的家具,特别适用混合材质的家具。

护理喷蜡和清洁保养剂使用前,最好先将其摇匀,然后直握喷雾罐,呈45度角,让罐内的液体成分能在不失压力的状态下被完全释放出来。之后对着干抹布在距离约15厘米的地方轻轻喷一下,然后再擦拭家具。此外,抹布使用完后,一定要洗净晾干。

(六)家用电脑、电视、音响等电器的保养和清洗

家用电脑及电视等精密电器在清洗时一定不要用水或热水直接擦拭。也不要用酸、碱溶液擦洗,因为酸、碱溶液虽然去污能力强,但其腐蚀性太强,很容易腐蚀箱体的金属构体及其他部件。使用有机溶剂擦洗,也会使冰箱的油漆层龟裂、剥落,从而加速电冰箱的锈蚀。当然也不能用锐器刮除尘垢,否则会刮伤油漆层或电器绝缘层,造成电器事故。

清洁电器外壳要先用毛刷或小型吸尘器,小心地擦除显示器

机壳上的灰尘。如果有不易擦除的污垢,可用干绒布或用干绒布稍微沾湿,进行擦拭。冰箱外壳上的一般污垢,可以尝试用牙膏代替清洁剂,因为牙膏中含有研磨剂,去污力非常强,用软布蘸少许牙膏慢慢擦拭即可。照明用具和电灯开关上留下的手印痕迹,可以用橡皮去擦。至于家电用品上用来插耳机的小洞,平时可以用棉花棒经常清理,如果是污垢比较多、比较硬,也可以使用牙签包上布来清理。

如果将酒精稀释后用来清洗音响和计算机上的按键最为合适,一般可以将酒精装在喷壶中喷到按键上,再用纯棉的干布擦拭,这样一来既可以去除污渍,也能对按键进行消毒。或者购买电脑键盘专用刷予以清洗。

家庭最好只做基本的家用电器日常保养,要达到电器内部清洁,最好找找专业人士或专业公司清洗。

五、厨房的保洁和清扫

(一)器皿清洁

厨房内食品生熟分开,无论用具、容器、盛器都要做到生熟隔离,成品与半成品隔离。经常用的工具、容器、盛器都要保持干净,用前消毒,用后洗刷。对于厨房常用的锅具类容器在使用完后应立即将其正反面清洗干净,而且要把锅底烘干,因为锅的底层常常会沾满倒菜时不慎回流的汤汁。

(二)用具清洁

厨房内要做到刀不锈,砧板不霉,台面整洁,抹布干净。每切配完一种食品,即刮去砧板上的污物,经常搓洗抹布。每天也要及时擦洗水斗,倒掉池中网篮内的残渣。

(三)食品清洁

食品洗净后要放入冰箱保存。冰箱内食品分类存放,不重叠,定期除霜,保持无异味,可以使用冰箱除味剂或柠檬除味。

(四)厨房清洁

保证厨房墙面、排风罩、工作台、灶台、地面无积灰、无污垢、无积水。每天定时擦洗桌面,清洗干净厨房用具,拖干地板。保持厨房抽屉内整洁无灰、无蟑螂、无鼠迹等。

厨房台面的一般清洁工作以湿布擦洗即可,如台面有斑点也可用肥皂水及中性清洁剂清洗,注意不要使用化学性强的清洁剂,当遇到不好应付的污垢时可以尝试使用肥皂水。厨具柜体本身已有基本的防潮处理,日常清洁以微湿的抹布擦拭即可,若遇较难擦拭的,可以用中性清洁剂轻轻刷洗。

(五)垃圾清扫

对于厨房内的废弃物要及时倒入带盖的垃圾桶中,必须保持当日清除。

(六)用具存放注意事项

厨房内碗碟、刀具、砧板等保洁工作应注意,碗碟、刀具、砧板等厨具用品最好不要简单地堆放在橱柜里。这样容易滋生细菌。

最好在洗碗池旁边设一个碗碟架,清洗完毕后把碟子、碗扣在架子上自然风干;最好选择不锈钢丝做成的、透气性良好的筷筒,并把它安放在厨房通风处,菜刀同样要放在透气性良好的刀架上。尽量把厨具挂起来,将清洗后的锅铲、漏勺、打蛋器、洗菜篮、抹布、洗碗布和擦手毛巾等厨具都挂起来,保证其干爽。

厨房湿度较大,清洁时应注意断开或拔掉电源。

六、卫生间的保洁和清扫

(一)用品用具

家庭卫生间保洁所需清洁用具一般有:马桶刷、两条不同色的布(如红、蓝)、软擦垫、清洁剂、水桶、喷雾器、手套、小刷子、拖把及绞干器等。注意:工作时必须戴手套;洗刷不同用具时,使用所指定的抹布,抹马桶和洗手池的布务必隔开存放;保持洗手间内的地板干燥而且没有垃圾。至于清洁用具,要注意使用后将所用用具洗干净,抹布洗净后必须晾干。清洗水桶和马桶的刷子,用后务必挂起存放。

(二)卫生间的清洁工作

(1)认真清除所有的垃圾,卫生间里的垃圾桶必须清洁干净。

(2)认真清洗洗手盆及台面,将清洁剂均匀地洒在洗手盆内外,并用保洁布从里向外进行擦拭后再用清水冲净,再用抹布将洗手盆的里外水分擦净。也可以尝试用白醋和柠檬果皮来清洁陶瓷洁具。先将洁具表面的污垢擦洗干净,再用软布蘸上少许白醋擦拭洁具表面或用柠檬果皮擦拭,洁具光亮如新而且还会散发清香。

(3)认真清洁洗手间内的镜面,将玻璃洗涤剂喷洒在玻璃上,再用抹布擦拭干净,最后用干布擦净,保证发光无污迹。

(4)认真清洁恭桶,将洗涤剂喷洒在恭桶处,用恭桶刷清洁里外,使其无锈变、无痕迹,光亮无异味。

(5)认真清洁墙壁,可以用洗涤剂擦拭,浴室里的瓷砖清洗起来并不困难,可以利用淋浴喷头的伸展来清洁不同的部位。然后擦洗、冲刷。但一定要擦干,以免细菌霉菌得以滋生。

(6)认真清洁地面,先将地面清扫干净,再用洗洁剂将地面反复擦净,使其光亮。

(7)清洗完毕后及时补充卫生用品如洗手液、手纸等。

(8)保持洗手间内空气清新,每天2～3次喷洒清香剂,使卫生间无异味。一般情况下,卫生间的异味防范是家庭中的一项重要工作,卫生间的防味问题要注意以下几点:

第一,排风口。排风口可以做一个逆止阀,这样对于气味会有很好的作用。

第二,洗手盆下水管。如果能把下水软管挝成一个S弯,这样在管中会存有一定的水,可以起到防臭的功能。

第三,地漏。现在各种地漏都有,但如果能对地漏外框进行玻璃胶封闭,这样也可以起到防臭作用。

(9)卫生间里可以适当使用香料,千万不要使用香水,因为香水中的气味会加浓卫生间的臭味。可以放一些竹碳类的东西吸味,还可以保持卫生间的干燥;或者将最普通的风油精或者花露水打开盖放在边角,再有就是使用洗手间专用的芳香剂。

（三）清洗步骤与方法

1. 清洗抽水马桶的步骤

(1)将所需用具备齐,检查用具是否完好。

(2)打开厕所的通风扇或排气系统。

(3)在水桶内,将适量的清洁剂加入清水中,然后将兑好的清洁液倒入喷雾器,用喷雾器将马桶内喷上清洁液。

(4)用红布沾清洁液,扭干后将马桶外面、坐盖、水箱、水管等抹干净,然后过水,再用马桶刷将马桶内边缘刷洗干净。

(5)抽水,同时将马桶刷伸入马桶内刷洗。

(6)用干布将坐盖抹干。

2. 清洗水盆的步骤

(1)将水盆内垃圾清除。

(2)在水桶内将适量的清洁剂兑入。

(3)用蓝色布浸入清洁液中,扭干后,将水盆、水管、水喉等抹干净,如果有必要要用软刷刷洗。

(4)开水,将水盆过水后再用干布抹干。

3. 清洗地板的步骤

(1)先将地板上的垃圾清除。

(2)在水桶内将拖地用的清洁剂适量加入清水中兑好,拖洗地板。

(3)地板干后,用抹布将厕所内其他的用具抹干净。

（四）卫生间保养工作注意事项

(1)平常不要将剩余的饭菜或硬物倒进厕盆,以免通道淤塞。

（2）妥善保养厕所设施,确保供水系统、冲厕系统等操作正常。

（3）排水管如有淤塞或损坏,应立即修理。

（4）尽量考虑摆放绿色植物,尤其是家庭中的卫生间,最好都在窗口养一盆绿色植物,以调节里面的空气。或者放上花瓶,插三五朵花,可以带来清新怡人的感觉。没有窗户的卫生间,一定要安装排风扇,以便及时排除室内的潮湿空气,保持房间的干湿适度。

（5）冲刷地面墙面。每次洗完澡后一定要擦拭地板和墙壁,打开窗户或通风扇让浴室保持通风。

（6）涂蜡消灭霉点。厕所里环境潮湿,长时间不打扫,瓷砖的接缝处容易出现墨绿色的小霉点。可以在彻底清理完卫生间以后,在瓷砖的接缝处涂上蜡。

（7）醋液浸淋浴喷头保通畅。可在淋浴后,在脸盆中倒上半杯醋,再放上些水,然后把淋浴喷头卸下来,浸泡在醋液里。

（8）肥皂预防镜面模糊。在镜面上涂些肥皂,然后用干布擦一遍,使其形成一道能够隔绝蒸汽的保护膜。如果用香水来擦镜子效果更好,因为香水中的酒精会发挥作用,还有余香。

（9）驱除卫生间的异味,可以将柠檬皮或泡过的干茶叶放在卫生间里,异味很快会消失。或者直接在卫生间养花草,有一些喜阴植物如吊兰等特别适合在卫生间生长,可以比较自然地吸除卫生间的臭味。

卫生间一般湿度较大,清洁时应注意断开或拔掉电源。

七、家庭空气卫生的保持

在家庭室内环境中,在通风不良、人员拥挤的情况下,有的致病微生物可以通过空气传播,致病微生物附着在室内的尘埃被家庭成员吸入呼吸道,可能造成流感、百日咳、肺鼠疫、SARS 以及其他肺炎病原体的传播,结核、脑膜炎、痢疾、霍乱等也可以通过这一方式传播。

另外,家庭空气中还经常含有甲醛和氨两种无色、具有辛辣刺激味的气体。甲醛主要来自于地板、家具所使用的板材、粘合剂中;氨来自于施工时水泥中所加防冻剂、家庭成员抽烟、排泄物中。两种物质释放慢,会比较长时间地存在于家庭空气中。会造成刺激症状,如眼痒、眼干、打喷嚏、咽喉干燥、流鼻涕等,甚至使人患上炎症。

现代家政服务员要具备开展室内空气卫生管理工作的常识。

预防的主要措施是加强室内通风,最经济有效的措施是自然通风,家庭应该注意选用密封好的门窗,选择合适的时间开窗换气,防止室外大气污染进入室内;如果在冬季或长期使用空调式的家庭居室里,可选择使用空气净化器。另外,有条件的家庭还可以尝试使用物理方法对室内空气进行除菌和杀菌,主要方法有紫外线消毒法,在家庭空气消毒时可以选用低臭氧型紫外线灯。

同时,为了保证家庭空气质量,还应该注意室内装饰材料的选择,很多家具和装饰材料能挥发出甲醛等可能引发各疾病的物质。家政服务员应建议雇主,选用无毒、无害、无污染的装饰材料来装饰居室。购买或装饰新居后,不要急于入住。根据居室、厨房、卫生间的不同污染物选择不同功能的空气净化装置,如空气净化器、排油烟机等。建议雇主尽量不要在室内吸烟,儿童、老人、病人和孕妇的家庭,更要注意室内空气环境的保护。

八、衣物的洗涤、熨烫

服装的洗涤、晾晒、熨烫和保养是家政服务中非常重要的日常工作。不同面料的衣物在洗涤时方法不同。家政服务员在洗衣前首先要注意衣物上的洗涤标志,然后结合服装的面料及特点选择合适的洗涤方法,以免损坏雇主家人及个人的衣物。

（附：常见洗衣标志）

标志符号	标志含义
30	可以用水洗，30表示洗涤水温30℃，其水温分别为30℃、40℃、50℃、60℃、70℃、95℃等
30	可以用30℃水洗涤
	只能用手洗，不能用洗衣机清洗
	不可用水洗
	洗后不可以拧绞
干洗	可以干洗（常规干洗）
干洗	可以干洗（缓和干洗）
	不能使用洗衣机洗涤
C1	可以使用含氯气的漂白剂
	不能使用含氯气的漂白剂洗涤
	不可以干洗
	可以使用转笼翻转干燥
	不可以使用转笼翻转干燥

续前表

标志符号	标志含义
	可以室外晾晒干
	洗涤后滴干
	洗后将服装铺平晾晒干
	洗后阴干,不得晾晒
	可使用高温熨斗熨烫(可高温至200℃)
	可使用熨斗熨烫(两点表示熨斗温度可到150℃)
	应使用低温熨斗(约100℃左右)
	可使用熨斗熨烫,但须垫烫布
	用蒸汽熨斗熨烫
	切勿使用熨斗熨烫

(一)衣物的洗涤、熨烫原则和注意事项

1.一般衣物洗涤原则

(1)家政服务员在洗衣前首先要注意:凡是准备用来洗涤的衣物,最好都事先征求雇主的意见。在洗涤前要认真检查衣物是否有破损、有污渍、纽扣是否松动、拉链是否损坏、衣物口袋里是否有钱币纸张等,以便于分类清洗或及时处理。

(2)衣物洗涤过程中最忌讳的是交叉污染,日常生活中,大人、小孩、病人的衣物务必分开洗涤。内衣、外衣、袜子也务必分开

洗涤。较脏的衣物最好和较干净的衣物分开洗涤。

(3)衣物洗涤过程中坚持分色洗涤,白色、浅色的衣物一起洗。中度色调及颜色鲜艳的衣物一起洗。新买的衣物第一次清洗时应当和旧的衣物分开洗涤。

(4)衣物洗涤时要注意区分衣物的质地,质地疏松、轻薄的衣物和坚厚的衣物要分开,毛巾、布料衣物尽量和其他衣物分开洗涤,贵重质地的衣料尽量干洗。不同的衣物清洗前需要的浸泡时间不同,所需要选用的洗涤用品也不一样,要注意区分。

(5)衣物洗涤时应注意:棉衣或夹克由内向外翻洗;上衣、裤子翻过来扣好纽扣反面洗涤,避免衣物过分磨损;衣物上有较长的衣扣或装饰带的,应系紧后再洗;坚持先洗大件衣物、再洗小件衣物。对于衣物的领、袖、裤脚等,可以先手工搓洗或刷洗后再进行机洗。

(6)使用洗衣机洗涤时注意先将衣物分类检查和浸泡,对于颜色特殊或有特殊污秽的要分开洗,注意参照洗衣机的使用说明书选择合适的洗涤剂用量、洗涤用水量、洗涤时间和洗涤温度。

(7)手工洗涤不能缺少,毛料衣物、羊绒衫、内衣、真丝类织品都最好使用手工洗涤;洗涤前也要预先浸泡,然后分类清洗,洗涤温度一般以30℃最好。选用合适浓度的洗涤液,洗涤后要注意漂洗三次以上。如果选择对衣物进行手工搓洗或者刷洗,注意要将衣物展平整,用力均匀,动作要轻揉。

(8)价格昂贵的衣物最好建议雇主选择干洗。但应注意,并非所有衣物都适合干洗,比如有涂层化纤材料的服装、静电植绒面料的服装、含人造革材料的服装、羽绒类的服装等。

2. 不同材质衣物洗涤、晾晒的注意事项

(1)棉织物。棉织物耐碱性强,不耐酸,抗高温性好,可用各种肥皂或洗涤剂洗涤。洗涤前最好先放在水中浸泡几分钟,但浸泡时间过长有可能使衣服颜色受损。贴身内衣不能用热水浸泡,以免出现黄色汗斑。洗涤时,最佳水温为40~50℃。漂洗时,可用"少量多次"的办法清洗,洗净后应在将衣物挂在通风处晾晒衣服,不要在日光下曝晒,以免使衣服褪色。

(2)麻纤维织物。麻纤维刚硬,洗涤时要比棉织物轻些,切忌使用硬刷和用力揉搓,以免布面起毛。洗后不要用力拧绞,如果是有色织物不要用热水烫泡,不宜在阳光下曝晒,以免褪色。

(3)丝绸织物。洗前先在水中浸泡 10 分钟左右,浸泡时间不宜过长。不能用碱水洗,可选用中性肥皂或中性洗涤剂。洗涤完毕,轻轻压挤,不要拧绞。要挂在阴凉通风处晾干,不宜在阳光下曝晒,不宜烘干。

(4)羊毛织物。羊毛不耐碱,故要用中性洗涤剂或肥皂液进行洗涤。羊毛织物在 30℃ 以上的水温下会收缩变形,所以洗涤温度不宜超过 40℃,通常在(25℃)最好。洗涤时切最好不要用力搓洗,即使使用洗衣机洗涤,也应该坚持轻洗,洗涤时间也不宜过长,以防止缩绒。洗涤后不能拧绞,要用手挤压除去水分,然后沥干。使用洗衣机脱水最好以半分钟为宜。还应该将洗好的衣物挂在阴凉通风处晾晒,不要在强日光下曝晒,以防止羊毛织物失去光泽和弹性。

(5)涤纶、锦纶、腈纶织物。先用冷水浸泡 15 分钟,然后用一般的洗涤剂洗涤,洗液温度最好不要超过 45℃。衣物领口、袖口等较难以清洗的地方可以用毛刷刷洗。洗后将衣物漂洗净,可以轻拧绞,再置于阴凉通风处晾干,不可曝晒和烘干,以免因热使得衣物生皱。

(6)维纶织物。维纶织物的洗涤不能使用热开水,否则维纶纤维会膨胀或变硬,甚至变形。应该先用温水浸泡,然后进行洗涤。可以采用一般的洗涤剂或洗衣粉,洗后晾干,避免日晒。

3. 一般衣物的熨烫原则

家政服务员在使用熨斗烫衣服前,要先搞清楚衣服的质地,不同质地的衣服要选用不同温度的熨斗熨烫。比如有些化学纤维忌高温,有些天然纤维像丝、毛料也忌高温。

需要熨烫的衣物必须洗干净,因为衣物上的污点熨后会更明显。未洗净或未熨干的衣服,贮藏久了会有霉点,可以尝试用醋水洗净再熨,这样能够消除霉点。熨烫时要根据衣物的材料掌握好熨斗的温度,通常先烫衣物反面再烫正面;先烫局部再烫整体;先熨厚的,再熨薄的;衣物熨完后应该吊挂于通风处晾干后才能打包存放。

要使服装穿起来挺括,洗刷以后,往往需要用熨斗烫一烫。但是,熨烫衣服也有诀窍:要先在衣服上喷一些水,甚至还要衬上一层湿布,然后才能熨烫。如果把衣服拿来就烫,不但不能达到烫平衣物的目的,还可能回将衣物烫焦。

(二)家用蒸气熨斗使用常识

我们通常使用的家用蒸气熨斗,其底座是否清洁对烫衣服的效果有很大的影响。如果底座上沾有纤维或其他东西,就必须用湿毛巾拭净。如果熨斗用久了,不够顺滑,就可以在干净的毛巾上滴几滴油或蜡,然后再用熨斗烫几下就能使熨斗保持顺滑。

熨斗在使用时要注意:

(1)使用非调温电熨斗时,可以在温度较低的条件下,开通电源熨。如需熨烫较长时间,应该在温度合适后关掉电源。在开通电源熨烫时,要时刻注意观察熨烫效果及面料变化。

(2)在垫湿水布熨烫时,要放慢熨烫速度,对熨斗的运行掌握可先轻后重,使水分蒸发扩散均匀、温度分布均匀。

(3)使用调温电熨斗,应掌握熨斗核定的各种纤维档次的熨烫温度,最好在核定的纤维熨烫温度的基础上再提高一个档次。

(三)纯毛料衣物的洗涤和熨烫技巧

1. 纯毛料衣物的洗涤

纯毛料衣物宜干洗,不宜水洗,干洗方法是:用干洗剂先将衣物上的尘土用刷子刷去,再用棉球或布沾一些干洗剂在油迹处由外向内旋转圈擦,最后用一块湿布放在衣物上,再用熨斗烫干即可。可以采用的水洗方法是:在40℃度的温水中,加入适量洗衣粉,将衣服放在中水浸泡,用双手轻轻揉衣物约2~3分钟,然后用清水漂洗干净(忌用搓板搓洗,手洗也不能用力搓洗)。衣物出水后,用双手挤掉水,放在通风处阴干(不要用手拧,也不要在阳光下暴晒),阴干后必须加强熨烫,熨烫平整后即可。

2. 纯毛料衣物的熨烫

毛料衣物有伸缩性,最好从反面垫上湿布熨。毛料衣服穿久了,有些地方会磨得很亮,可用醋、水各一半混合液喷洒到衣服上,然后再用熨斗来回熨几次,就可消除亮光。

(四)真丝织品的洗涤和熨烫

在洗涤真丝织品时,可以在水中少加些醋,能保持丝织品原有的光泽。

1. 真丝织品的洗涤

自来水中含有较多的氯气,尽量采用隔日的自来水清洗。真丝衬衫对碱有一定的敏感性,会造成损伤。因而要尽量采用弱酸性、中性的洗涤剂清洗。洗净后不要把真丝织品放在烈日下暴晒。

2. 真丝织品的熨烫

真丝织品洗后,往往容易起皱,为美观起见,每次洗后均需熨烫。洗过的真丝衣服,一般很难熨平,但若把它装进尼龙袋后放入电冰箱内冻上片刻,取出来再熨,效果比较好。熨丝织品时,要从反面轻轻地熨,不宜喷水,因为如果喷水不均,可能会出现皱纹。

熨烫时如果不慎将衣物烫黄,可用少许苏打粉掺入调成糊状,涂在焦痕处,待水蒸发后,再垫上湿布熨斗烫,即可消除黄斑。

(五)风衣、羽绒服的洗涤和熨烫技巧

1. 风衣、羽绒服的洗涤

风衣一般采用是经过防水处理的涤卡料制成,洗涤时不能用力搓或用力拧,否则会使风衣出现褶皱,破坏风衣的防水性。洗涤

的方法是先用冷水把风衣浸泡一会儿,再用温水将洗衣粉冲开,待水温在 20～30 摄氏度时,把风衣在洗衣机里洗或用手轻轻揉洗,洗净后,再用清水洗两遍即可。

羽绒服的洗涤注意首先将羽绒服用冷水浸泡 20 分钟,然后挤去衣服内的水分,再用洗衣粉浸泡 5～10 分钟,然后平铺在干净的台面上用软毛就着洗衣液轻轻刷洗。先刷里,后刷面,最后刷洗两只袖子的正反面。较脏的地方也可以撒点干洗衣粉刷洗,刷好后先将衣服放在原洗涤液内上下清洗几下,再用温水、清水分别漂洗,洗好的衣服要用干浴巾包卷好,轻轻挤压出水分,再用衣架挂在阴凉通风处晾干,也可以用光滑的小木棍轻轻拍打衣服反面,使羽绒篷松丰满。

2. 羽绒服的熨烫平整

羽绒服装的面料多为尼龙绸,不能使用电熨斗熨烫,可以选用一只搪瓷缸,灌满开水,再在羽绒服上垫上一层潮湿的白布实施自助式熨烫,这样不会损伤衣服面料,还可以避免羽绒服表面出现光痕。

(六)蚊帐的洗涤和熨烫技巧

蚊帐一般是由涤纶、锦纶、维纶和丙纶等合成纤维组成。首先用清水浸泡 2～3 分钟,洗去表面灰尘,再用洗衣粉 2～3 匙,放入盛有冷水的盆中,溶解后放入蚊帐,浸泡 15～20 分钟,用手轻轻搓揉。不能用热水烫,之后要用清水漂洗,并挂在通风处晾干。洗干净的蚊帐,要用塑料袋或布将其叠整齐后包好单独存放。

(七)其他衣物的熨烫常识

毛衣、针织质料类的衣服,如果直接用熨斗去烫会破坏组织的弹性,最好用蒸气熨斗喷水在皱褶处;如果皱的不是很厉害,也可以挂起来直接喷水在皱褶处待其干后,就会自然顺平。

熨尼龙和人造丝织品时,温度不可过高,否则会使织物的染色遭到破坏。

皮革类服装如果起皱,可以用熨斗烫平,但是温度不能太高,烫时必须用棉布垫上,要不停地移动熨斗以免皮衣局部受热过大。

洗过的化纤衣物,一般不必熨烫,如果需要熨烫,要在衣服反面均匀喷水,下面垫上一层湿布再熨,熨烫时要掌握好不同的化纤衣服的熨烫温度。化纤衣服如果发生烫黄的现象,要立即垫上湿毛巾再熨一下,基本就可以恢复原样。

针织类衣服易变样,不宜重重地用熨斗压下去熨,只要轻轻按住就行,熨带有凸出花纹的毛衣等编织物时,要先垫上软物,铺上湿布再烫。

熨烫有皱褶的裙子时,应先熨一遍褶边,再熨整个褶。熨领带时,可以先用厚一点的纸剪成一块衬板,插进领带正反面之间,然后用湿熨斗烫,这样可以使领带更平整。

熨衣裤前,不妨在垫布上喷上少量的香水,这样熨过的衣服清香宜人,香味持久。如果想保持裤线笔挺,在熨烫裤子时,可以用棉花球蘸一些食醋沿裤线一抹,再用熨斗烫,这样一来能使裤线更挺直。

(八)家庭常见衣物的熨烫温度

家庭常见衣物的熨烫温度多有不同,可以参考下表提示。

序号	衣物类型	熨烫温度(℃)	序号	衣物类型	熨烫温度(℃)
1.	棉织物	约160~180	7	毛织物(薄)	约120
2.	丝织物	约120	8	涤毛混纺织物	约150
3	麻织物	一般不熨烫	9	其他混纺织物	约140
4	涤纶织物	约130	10	化纤织物	约130
5	锦纶织物	约100			
6	毛织物(厚)	约200			

（九）一般衣物的熨烫顺序

衣物熨烫一般讲究的是先烫反面再烫正面,先烫局部再烫整体。

1. 烫衣领

熨烫衣领时,首先注意不要把衣领拉开变形,最好是固定形状再加以熨烫;如果是有领片的,不要将领褶线烫死,只要在烫以后趁它还是温热的,用手翻折轻压即可。

2. 烫长裤

顺序如下:将裤子翻过来,口袋掀开,先烫裤裆附近,其次是口袋、裤角和布缝合处,接着烫正面,然后是右脚内侧、右脚外侧、左脚内侧、左脚外侧,最后将两只裤角合起来熨烫修饰。

3. 一般上衣的熨烫

（1）分缝;（2）贴边;（3）门襟;（4）口袋;（5）后身;（6）前身;（7）肩袖;（8）衣领。

4. 裤装的熨烫

（1）腰部;（2）裤缝;（3）裤脚;（4）裤身。

5. 衬衫的熨烫

（1）分缝;（2）袖子;（3）领子;（4）后身;（5）小裆;（6）门襟;（7）前肩。

6. 袖子熨烫

（1）左袖身熨烫;（2）熨烫袖口圆弧;（3）右袖身熨烫;（4）熨烫袖口圆弧。

7. 里衬熨烫

（1）右前身里衬;（2）右后身里衬;（3）左后身里衬;（4）左前身里衬。

8. 衣身熨烫

（1）左前身熨烫;（2）左侧缝熨烫;（3）左后身熨烫;（4）右后身熨烫;（5）右侧缝熨烫;（6）右前身熨烫。

（十）烫黄衣物后的处理办法

1. 棉织物

如果出现烫黄现象，可立即撒些细盐，用手细细揉搓，再放到阳光下晒一会儿，用清水洗净，烫黄的痕迹就会减轻或完全消除。

2. 毛料

如果毛料衣服出现烫黄，可把白矾用开水溶化，等晾冷后，均匀地刷在烫黄部位，烫黄斑痕即会消除减轻。

3. 丝绸衣料

如果丝绸衣料出现烫黄，可将少许苏打粉掺水调成糨糊状，涂在烫黄处，待水分蒸发后再垫上湿布熨烫，烫黄处的焦斑就可消除。

4. 化纤织物

如果化纤织物衣服烫黄后，要立即用湿毛巾垫上再熨烫一次，等毛巾干后取下，烫黄现象即会减轻，甚至可能恢复。

5. 呢料

如果呢料衣服烫黄后，可用手针轻轻摩挑因烫黄而稍显亮光处，直至挑起新绒毛，这时可垫上湿布，用适当温度的熨斗逆着绒熨烫数遍，烫黄处的斑痕即可消除。

（十一）家庭常见衣物除污小技巧

在家庭生活中，时常要面对不同的污秽处理，家政服务员可以经常总结经验，尝试各种方法。

1. 去除果汁的方法

如果不小心把果汁溅在白色或浅色的真丝绢纺类衣服上，可以用醋精浸泡数分钟，果汁印就会除去，衣服上沾上了紫药水渍也可以使用这一方法。

2. 去除衣服上口红污渍的方法

家庭衣物或织物上如果沾有口红，可涂上卸妆用的卸妆膏，水洗后再用肥皂洗，污渍就会被清除。

3. 衣物互染后恢复的方法

如果在洗涤家用衣物时,一旦出现衣物颜色交叉互染后,可先将被染的衣服放在盆中,用清水泡一泡,再用刚煮开的肥皂水、碱水直接倒入盆中,泡十分钟左右,再用手轻揉能恢复成原色。

4. 去除墨水污迹的方法

衣服上如果沾上了墨渍,可以尝试用米饭涂于污迹上面,细心揉搓,然后用纱布除去脏物,用洗涤剂洗净,再用清水冲净。或者用 1 份酒精加 2 份肥皂水制成的溶液反复揉搓。

5. 去除衣服上汗渍的方法

衣服染上黄色的汗渍,很不容易洗净,可以尝试把汗渍衣服放入 20% 的淡氨水溶液里进行漂洗,再用清水搓洗。或把汗渍衣服放入 3~5% 的食盐水中浸泡 30 分钟左右,用清水漂净,再用洗衣粉或肥皂洗净。如果选用淘米水洗涤也可以达到除污作用,还能起到一定的漂白作用。如果衣服上有令人讨厌的汗渍味,可以尝试在最后漂衣服的清水里滴上几滴醋精,晾干后汗味能大为减少。

6. 去除衣服上霉斑的方法

(1)棉织品去霉斑时可以先在透风处晾晒,待衣物干燥后用刷子去霉斑。

(2)呢绒衣服上的霉斑可用汽油刷洗,待汽油挥发后,用湿布放在衣服上熨烫。

(3)绸缎上的霉斑可用绒布或新毛巾轻轻揩去,较大斑点可以将氨液喷洒于丝绸上,再用熨斗烫平。白色绸缎的霉斑,可以用酒精轻轻揩擦即可。

(4)化纤织品上的霉斑,可用刷子沾浓肥皂水刷洗,再用湿水擦除。

(5)麻织品上的霉斑可用氯化钙液刷洗,或用淡盐水刷洗。

(6)毛丝织品的陈旧霉斑,可用 100% 的柠檬酸溶液刷洗。

7. 去除菜汤、乳汁渍的方法

先用汽油涂于污渍处,用手揉搓后再用20%的氨水溶液涂于污处轻轻揉搓,待污迹去除后再用肥皂揉搓,然后用清水冲净。

8. 去除酱油污渍的方法

可用洗衣粉加2%的氨水洗涤,然后用清水洗净,也可用2%硼砂溶液洗涤。

9. 去除红药水渍的方法

将污处浸湿后用甘油刷洗,再用含氨的肥皂液反复洗,也可以尝试加几滴醋酸液后,再用肥皂水洗。

10. 去除血污的方法

对于沾有血迹的衣服,应先用冷水洗涤,再用洗涤剂和氨水搓洗,不要用热水洗。如果是白衣服上沾染血污,需要用漂白剂搓洗可将血污去除。

(十二)衣物的保管和收藏

1. 衣物收藏与保管的原则

(1)衣物收藏与保管前,应该仔细检查衣物上是否还沾有污渍,必须彻底清理干净才能归类收藏。

(2)衣物收藏与保管时要注意先将衣物折叠整齐,按内衣、衬衣、毛衣、外套上装、外套下装等分类存放,也可以按季节分类存放。

(3)衣物收藏与保管时要注意必须保持卫生、清洁干燥,避免虫蛀和发霉,收藏衣物的衣柜内应该放入樟脑等防虫用品或干燥剂等。

(4)不同的衣物按质地不同合理存放。深色和浅色的衣物可以适当分开存放,白色真丝衣物存放时不要放入樟脑,否则容易使衣物泛黄。

(5)无论是何种衣物,整烫完毕后最好不要马上打包或收进衣橱,需要吊在通风处蒸发,必要时可用吹风机吹干,才不至于在存放时发生霉变。

2. 不同质地和类型衣物的收藏与保管常识

（1）真丝类衣物的收藏与保管常识：收藏前应该彻底清洗干净，存放时最好不予以吊挂存放，不要承受重压，不能接触樟脑制品。

（2）毛料类衣物的收藏与保管常识：收藏前应该彻底清洗干净，存放前最好将衣物通风晾晒，最好吊挂存放，应在存放时放入樟脑制品，并做防霉防蛀处理。不要用塑料制品包裹衣物，以免发生霉变，存放时不要重压。

（3）皮衣的收藏与保管常识：皮衣不能接触油污、酸性和碱性的物质，存放前应放在通风处晾晒，要用软干布擦去衣物上的水渍，不能随意用水或汽油擦洗。皮衣收藏前一定要清洗上光，使衣服保持柔软光滑，最好吊挂存放，并在皮衣上另罩一块布防尘。不要折叠存放或在衣服上压有重物，可以不放樟脑制品。

（4）西装的存放和保养常识：暂时不穿的西装一定要用衣架挂起来，而且一定要把口袋内的物品通通拿出来，把皮带也抽出来，因为衣服会经常因为重物而容易变形。

（5）家庭常用地毯的收藏与保管常识：存放前要彻底水洗，将反面用阳光曝晒，以除去地毯中的水分，在通风晾晒后才能存放；存放时务必喷洒防蛀防霉剂，使用棉布包扎好。不能使用塑料制品包裹，存放一至两个月时间后要开包检查晾晒一次。

第五章　家庭保健常识

家庭保健,贵在健康,而现代健康概念并不是单纯指有病没病,健康的科学定义是指机体与自然环境和社会环境的动态平衡。家庭健康指的是家庭成员的身体健康、心理健康及道德健康。

一、家庭成员日常生活保健常识

(一)身体锻炼

生理学家提出,傍晚锻炼最为有益。比如散步运动,饭后 45 分钟,以每小时 4.8 公里的速度散步 20 分钟,热量消耗最快,也最有利于减肥。

(二)睡眠

午睡最好从午后一点开始,这时人体很容易入睡。晚上睡眠以 10 ~ 10 点钟上床为佳,因为人的深睡时间一般在夜里 12 点至凌晨 3 点,这时人的体温、呼吸、脉搏及全身状态都进入最低潮,人在睡后一个半小时即进入深睡状态。

(三)饮茶习惯

生活中人们普遍习惯于餐后立即饮茶。但餐后立即饮茶,茶叶中的鞣酸可与食物中的铁质结合成不溶的铁盐,时间一长可能会诱发贫血。所以在餐后 1 小时饮茶最为合适。

(四)家庭环境空气质量

家庭每天开窗通气的时间最好是在上午 9 ~ 10 点,下午 2 ~ 4 点。因为此时室外气温已经升高,逆流层现象也已消失,大气底层的有害气体逐渐散去。但随着冬季的到来，房屋门窗封闭，人们在室内活动的时间增长，室内环境污染和室内空气质量问题也不断增多，因此家庭生活中务必尽量保持空气流通，防范空气污染。

1. 常见的家庭空气污染问题

（1）一氧化碳中毒。这是冬季室内环境的直接杀手。人们在房间用煤炉取暖，燃料的不完全燃烧和排烟不良是造成一氧化碳中毒的主要原因。另外，家庭生活中洗澡和使用燃气热水器时不注意保持空气流通，也可能会造成一氧化碳中毒。

（2）各种化学污染。正如前面讲到，由于建筑、装饰和家具产生的有害气体甲醛、氨气、苯系物和放射性物质等有害物质会大量聚集，又由于人们为了防寒保暖，不注意开窗通风，室内环境中的有害物质的浓度就会增高。

（3）生物性污染造成的各种呼吸系统疾病。很多流行病、传染病都与封闭的室内环境有关。室内空气中污染物质会对人体产生刺激，使人的免疫力下降，造成健康危害。

（4）家庭室温过低或过高对人体造成损害。如果室内温度过高或过低，温差悬殊，人体就会难以适应，容易使人患伤风感冒，甚至会使心脑血管患者猝死。或者使人体代谢功能下降，脉搏、呼吸减慢，诱发呼吸道疾病。所以，国家《室内空气质量标准》规定，室内温度的标准值为 16~24℃，达到这个标准的室内温度就是舒适的室内温度。

（5）家庭室内空气湿度不正常。在干燥的环境中，人的呼吸系统的抵抗力降低，病毒也容易随着空气中的灰尘扩散，引发咽炎、气管炎、肺炎、支气管哮喘等病症。国家室内空气质量标准要求，室内空气湿度标准为 30~60%。

2. 家庭空气质量管理办法

（1）合理通风。家庭每天最好开窗换气不少于两次，每次不少于 15 分钟。使用煤炉取暖和使用燃气热水器的家庭更要注意安装通风装置。

（2）利用空气净化设备消除室内污染。在专家的指导下合理选择和使用家庭空气净化设备,提高室内空气质量。

（3）家庭成员应多做室外活动,少去人多的公共场所。

（五）家庭食品保健常识

1. 大米不宜多淘洗

因为米中含有一些溶于水的维生素和无机盐,而且很大一部分在米粒的外层,多淘或用力搓洗、过度搅拌会使米粒表层的营养素大量随水流失掉,淘米时应注意:

（1）用凉水淘洗,不要用流水或热水淘洗。

（2）用水量、淘洗次数要尽量减少。

（3）不要用力搓洗和过度搅拌。

（4）淘米前后均不应浸泡,如果已经浸泡,尽量将浸泡的米水和米一同下锅。

2. 儿童食品安全注意事项

（1）食品中的添加剂含量。

（2）奶乳制品与乳酸菌类饮料有差别,乳酸菌饮料会引起儿童肠胃不适。

（3）进口儿童食品也并非完美。

（4）不能用方便食品代替正餐。

（5）不能多吃营养滋补品。

（6）不能只用乳饮料代替牛奶,用果汁饮料代替水果。

（7）不应用甜饮料解渴,甜饮料喝后具有饱腹感,妨碍儿童正餐时的食欲。解渴,最好饮用白开水。

（8）儿童不能多吃巧克力、甜点和冷饮。这样会加剧营养不平衡,引起儿童虚胖。

（9）儿童不能长期食用"精食"。

（10）不能过分偏食。偏食对儿童健康的影响极大。

3. 无公害农产品、绿色食品和有机食品

目前市场上有"无公害农产品"、"绿色食品"、"有机食品"等,有机食品、绿色食品、无公害农产品都是安全食品。

无公害农产品是指有毒有害物质残留量控制在安全质量允许范围内,经有关部门认定,安全质量指标符合《无公害农产品(食品)标准》的农、牧、渔产品(食用类,不包括深加工的食品)。

绿色食品,我国的绿色食品分为 A 级和 AA 级两种,其中 A 级绿色食品生产中允许限量使用化学合成生产资料,AA 级绿色食品则较为严格地要求在生产过程中不使用化学合成的肥料、农药、兽药、饲料添加剂、食品添加剂和其他有害于环境和健康的物质。绿色食品标志的使用期为 3 年。

有机食品是指来自于有机农业生产体系,根据国际有机农业生产要求和相应的标准生产加工的,并通过独立的有机食品认证机构认证的农副产品,包括粮食、蔬菜、水果、奶制品、禽畜产品、蜂蜜、水产品、调料等。

4. 清除水果、蔬菜的农药残留

我们的生活离不开蔬菜和水果,为降低吃入残留农药水果蔬菜的概率,应该注意:

(1)尽量用适用于水果、蔬菜的专用清洗配方清洗水果蔬菜。

(2)尽量选购时令盛产的水果蔬菜。

(3)尽量不要偏食某些特定的水果、蔬菜。

(4)外表不平或多细毛的水果蔬菜(如猕猴桃、草莓等)较易沾染农药,食用前务必以专门的清洗配方清洗并用清水多冲洗。

(5)尽量选购含农药概率较少的水果、蔬菜。如洋葱、大蒜、龙须菜、去皮食用马铃薯、甘薯、冬瓜、萝卜、有套袋的水果、蔬菜等。

(6)不选用表面有药斑或刺鼻的化学药剂味道的水果、蔬菜。

(7)连续性采收的农作物,如菜豆、豌豆、韭菜花、黄瓜、芥蓝

菜等,都是需要长期且连续地喷洒农药的,应特别加强清洗。

5. 良好的饮食习惯

清晨醒来时多吃食物。早餐在饮食计划中,起着决定性的作用。醒来后越快吃早餐,人体新陈代谢的速度就越快。如果爱好晨练,运动前要保证吃一个香蕉,运动后再吃早餐。

适当喝些酸奶。酸奶里有丰富的钙离子,使身体能更快地燃烧脂肪。酸奶搭配豆腐、蔬菜、谷类食品食用,会更好地发挥效果。

保持好睡眠。如果早晨必须 7 点起床,前天晚上最好在 11 点左右就寝。

饮食宜粗不宜细。未经加工食品中的纤维可以直接被人体所吸收,而加工过的纤维却是分解成糖分被人体所吸收。随着体内糖分的增加,也会使人体内的脂肪堆积。

6. 植物油的保存条件

植物油有"四怕":一怕直射光,二怕空气,三怕温,四怕进水。前两者均会使植物油产生"过氧化物",从而产生对人体有害的物质。所以,保存油脂要注意"避光、密封、低温、隔水"。

7. 十大营养食品

现代人对食物的要求早已超越单纯去满足生理上的需要,还讲究营养。美国《时代周刊》介绍了十大最佳营养食品。

(1)绿茶。防治各类癌症,如胃癌、食道癌、肝癌及皮肤癌等,预防心脏病,用来漱口可防治蛀牙。

(2)三文鱼。含有脂肪酸,可防治血管阻塞,预防脑部老化,例如老人痴呆症,降低胆固醇。

(3)菠菜。含大量铁质及叶酸,可防治血管疾病及心脏病,保护视力。

(4)西兰花。含丰富的胡萝卜素及维生素 C,减少罹患各类癌症的机会,如乳腺癌、直肠癌及胃癌等。

(5)蒜头。防治心脏病,降低胆固醇,杀菌。

（6）红酒。含抗氧化剂,有助增加好的胆固醇,减少血管硬化,喝少量对心脏有益。

（7）西红柿。含有具抗氧化功能的红西红柿素,防治前列腺癌,防治与消化系统有关的癌症,有丰富的维生素 C。

（8）果仁。含丰富的维生素 E,降低胆固醇,预防癌症;含甘油三酸酯,预防心脏病。

（9）燕麦。降低血压,降低胆固醇,防治大肠癌,防治心脏疾病。

（10）蓝莓。抗氧化,预防心脏病,防治癌症,增进脑力。

二、家庭成员体育锻炼常识

（一）为家庭成员选择最好的锻炼时间

清晨时,绝大部分人的体内生物钟处在最低潮。清晨给人以空气清新的感觉是一种错觉,因为清晨空气中二氧化碳量和二氧化硫量比下午、晚上都高,因此清晨的空气质量是一天中最差的。清晨锻炼身体并不是一天中的最佳时间,应该选择黄昏的时刻锻炼。下午或傍晚是锻炼的最佳时间,一是下午人体生物钟处于高潮,生理功能处于最佳状态;二是下午空气质量最好;三是下午运动最有利于晚上睡眠。雾天参加体育锻炼容易伤身体,雾天会加剧大气污染,大雾时气压高、空气湿度大,使人感到闷热,甚至胸闷憋气等供氧不足等症状。所以,雾天时最好不要到户外锻炼。

（二）家庭成员体育锻炼安全常识

体育锻炼时不能佩戴纪念章,携带小刀、铅笔、钥匙、手表等物件,要换上运动鞋、运动服等。运动前一定要做热身准备及水分补充,运动前舒展身体、活络筋骨,促进肌肉及全身血液循环,有利于促进人体进入体育锻炼的状态,防止运动损伤。运动前半小时喝些水可以冲抵体内水的消耗。进行体育锻炼时,要注意运动场地、器械的安全和正确的着装,以防意外事故发生。越过体育器材时要有人保护；向前摔倒时应顺势作前滚翻，不要用手硬撑；向后摔倒时，让身体自然倒地，不要用手撑地，顺势作后滚翻。为预防运动中的外伤，要尽量穿防滑的运动鞋。

从事体育锻炼后特别是剧烈体育运动后，不要坐在地上或直接躺下来休息，这样不仅不能尽快地恢复身体机能，反而会对身体产生不良影响。如果运动时出现内伤如挫伤、肌肉拉伤、关节扭伤等，24 小时内一般采用冷敷、加压包扎、抬高伤肢等方法，尽可能减少受伤部位的出血，避免损伤加重；48 小时后，一旦局部的出血和肿胀停止，就可以进行按摩、理疗或敷药治疗，逐步恢复受伤部位的功能。在剧烈的运动后，如果停下来，就可能出现腿酸软、脸色苍白、眼前发黑、耳鸣等现象，严重的可能会出现昏厥等现象，可以通过慢走、慢跑、活动关节、牵拉、抖动和按摩等放松整理。

同时，人在体育锻炼过程中有时也会出现一些不舒适感觉，这主要是由于活动时安排不当造成的，一般的处理方法有：

（1）呼吸困难。如果运动量过大，机体短时间不能适应突然增大的运动量，会出现呼吸困难、胸闷、动作迟缓、肌肉酸痛等症状，一般不用停止体育锻炼，适当降低运动强度后不适的感觉即可消失。

（2）运动时突然腹痛。运动中腹痛主要有两种情况：一是胃痉挛，主要是由于饮食不当造成，此时可暂时停止运动，做一些深呼吸。疼痛严重的，可作适当热敷，并喝少量温开水，一般症状能得到缓解。二是肝脏充血，由于运动量突然加大造成，此时可降低运动强度，或去医院检查处理。

（3）肌肉疼痛。运动时肌肉突然疼痛，且肌肉僵硬，一般多出现在骤冷天气和天气炎热大量排汗时。此时应该缓慢地牵拉肌肉，疼痛重的可放弃当天的运动。肌肉突然疼痛，而且有明显的压痛点，主要是由于肌肉用力不当，造成肌肉拉伤。应立即停止体育锻炼，并进行冷敷、包扎后到就近医院治疗。

（4）肌肉酸痛。一般在刚开始体育锻炼后的几天,会连续出现广泛性肌肉酸痛。这种疼痛是正常的生理反应过程。

（5）慢性肌肉劳损。长时间出现局部性肌肉酸痛,而且连续锻炼不减轻。这主要是由于长期不正确的运动动作所造成的,此时应改变错误的运动动作或运动方式,以防劳损的发展并及时去医院治疗。

（三）体育锻炼后的饮食常识

经常从事体育锻炼,可促进胃肠道的蠕动和消化液的分泌,对消化吸收机能可产生良好影响。但在体育锻炼后如果不注意饮食卫生,也会严重影响锻炼者的身体健康。一般情况下,从事体育运动后应注意合理的饮食卫生

（1）体育锻炼后,不要急于进食,一般等候半小时,待胃肠道机能逐渐恢复后再用餐。

（2）体育锻炼后需要进行补水,但运动后喝水要注意不能暴饮。体育锻炼后的补水原则是少量多次,一般可以在运动后每20~30分钟补水一次,每次饮水量250毫升左右,运动后也可选用橙汁、桃汁等原汁稀释饮料补水。

（四）家庭成员体育锻炼后的营养补充

人体在体育锻炼后,除了需要采用休息和恢复性体育手段帮助身体机能的恢复外,还可以根据不同的体育锻炼特点,补充不同的营养物质。在进行力量性运动后,如俯卧撑,要多补充猪肉、牛肉、鱼、牛奶等动物性蛋白或补充豆类等植物性蛋白;在进行耐力性运动后,如长跑、游泳,可适当多补充些米、面等食物;在进行较剧烈体育锻炼,如球类比赛、健美操,要多补充一些蔬菜、水果等。

无论进行什么形式的运动,运动后都要适当补充维生素类物质,通常情况下,体育锻炼后需要多吃绿色蔬菜、水果、豆类及粗粮等食品。

（五）家庭适合采用的体育锻炼项目

1.上肢锻炼

俯卧撑、引体向上、屈臂悬垂、靠墙倒立、拉力器、哑铃操、飞镖、飞盘。

2.下肢锻炼

登山、疾走、骑车、踢足球、跳绳、跳皮筋、踢毽子、下蹲（负重）。

3.腰腹锻炼

仰卧起坐、仰卧举腿、俯卧起、坐位体前屈、健身操、立定跳、呼啦圈。

4.全身锻炼

篮球、排球、乒乓球、羽毛球、网球、保龄球、健美操、武术、游泳。

三、家庭饮食禁忌常识及食物中毒的防范

家庭饮食首先要注意不能食用有污染的食品，不能食用已经腐败变质的食品，注意防止食品中毒。同时，还要注意饮食禁忌和避免事物中毒。

（一）家庭经常食用但并不科学的饮食搭配

1.土豆烧牛肉

由于土豆和牛肉在被消化时所需的胃酸的浓度不同，就势必延长食物在胃中的滞留时间，从而引起胃肠消化吸收时间的延长，久而久之，必然导致肠胃功能的紊乱。

2.小葱拌豆腐

豆腐中的钙与葱中的草酸，会结合成白色沉淀物——草酸钙，同样造成人体对钙的吸收困难。

3.豆浆冲鸡蛋

鸡蛋中的粘液性蛋白会与豆浆中的胰蛋白酶结合，从而失去

二者应有的营养价值。

4. 茶叶煮鸡蛋

茶叶中除生物碱外,还有酸性物质,这些化合物与鸡蛋中的铁元素结合,对胃有刺激作用,且不利于消化吸收。

5. 炒鸡蛋放味精

鸡蛋本身含有许多与味精成分相同的谷氨酸,所以炒鸡蛋时放味精,不仅增加不了鲜味,反而会破坏和掩盖鸡蛋的天然鲜味。

6. 红白萝卜混吃

白萝卜中的维生素 C 含量极高,但红萝卜中却含有一种叫抗坏血酸的分解酵素,它会破坏白萝卜中的维生素 C。一旦红白萝卜配合,白萝卜中的维生素 C 就会丧失殆尽。不仅如此,在与含维生素 C 的蔬菜配合烹调时,红萝卜都充当了破坏者的角色。还有胡瓜、南瓜等也含有类似红萝卜的分解酵素。

7. 萝卜水果同吃

近年来科学家们发现,萝卜等十字花科蔬菜进入人体后,经代谢很快就会产生一种抗甲状腺的物质——硫氰酸。该物质产生的多少与摄入量成正比。此时,如果摄入含大量植物色素的水果如橘子、梨、苹果、葡萄等,这些水果中的类黄酮物质在肠道被细菌分解,转化成羟苯甲酸及阿魏酸,它们可加强硫氰酸抑制甲状腺的作用,从而诱发或导致甲状腺肿。

8. 海味与水果同食

海味中的鱼、虾、藻类,含有丰富的蛋白质和钙等营养物质,如果与含有鞣酸的水果同食,不仅会降低蛋白质的营养价值,且易使海味中的钙质与鞣酸结合成一种新的不易消化的物质,这种物质会刺激胃而引起不适,使人出现肚子痛、呕吐、恶心等症状。含鞣酸较多的水果有柿子、葡萄、石榴、山楂、青果等。因此这些水果不宜与海味菜同时食用,以间隔两个小时为宜。

9. 牛奶与橘子同食

刚喝完牛奶就吃橘子,牛奶中的蛋白质就会先与橘子中的果酸和维生素 C 相遇而凝固成块,影响消化吸收,而且还会使人发生腹胀、腹痛、腹泻等症状。

10. 酒与胡萝卜同食

最近,美国食品专家告诫人们:酒与胡萝卜同食是很危险的。专家指出,因为胡萝卜中丰富的 β 胡萝卜素与酒精一同进入人体,就会在肝脏中产生毒素,从而引起肝病。特别是在饮用胡萝卜汁后不要马上去饮酒。

11. 白酒与汽水同饮

因为白酒、汽水同饮后会很快使酒精在全身挥发,并生产大量的二氧化碳,对胃、肠、肝、肾等器官有严重危害,对心脑血管也有损害。

12. 吃肉时喝茶

有的人在吃肉食、海味等高蛋白食物后,不久就喝茶,以为能帮助消化。殊不知,茶叶中的大量鞣酸与蛋白质结合,会生成具有收敛性的鞣酸蛋白质,使肠蠕动减慢,从而延长粪便在肠道内滞留的时间。既容易形成便秘,又增加有毒和致癌物质被人体吸收的可能性。

(二)家庭常见饮食注意事项

1. 黄豆及其制品

黄豆不宜多食,更不宜多食炒熟的黄豆;服用氨茶碱、四环素、红霉素、灭滴灵类药物时不宜食用黄豆;不宜在煮食黄豆时加碱;食用时不宜加热时间过长;不宜与猪血、蕨菜等共同食用。

家庭饮用豆浆时,加热时间不宜过短,不宜多饮,不要空腹饮用;不要喝未煮熟的豆浆,没有煮熟的豆浆含有毒物质。豆浆不易和鸡蛋同时煮食,一般不要加红糖饮用;喝豆浆时不宜食红薯或橘子;豆浆忌装保温瓶存放,豆浆中有能除掉保温瓶内水垢的物质,会使豆浆酸败变质;喝豆浆的同时最好吃些馒头、面包等淀粉类食品,能够使营养物质被充分吸收利用起来。

家庭食用豆腐时,注意在同时服用土霉素、四环素药物时不宜食用;不宜食用生豆腐。

2.绿豆饮食

家庭食用绿豆时,注意服温热药物时不宜食用;服用四环素类、甲氰咪胍、灭滴灵、红霉素类药物时不宜食用;家庭进行煮食时不宜加碱;老人、家庭成员病后体虚者不宜食用;不宜与狗肉、榧子同食。

4.食用油

家庭食用猪脂(肪)时,注意如果在服降压药及降血脂药时不宜食用;不宜用大火煎熬后食用;不宜久贮后食用;更不宜食用反复煎炸食物的猪油。

家庭食用菜籽油时,注意菜籽油应该经高温处理后贮存,另外带有蛤喇的菜籽油不应食用。

5.大白菜

家庭食用大白菜时,注意不宜食用霉烂变质的白菜和食用久放的熟白菜;服用维生素 K 时不宜食用;最好不要将大白菜焖煮后食用;不宜用水浸泡后食用,也不宜在将菜烫后挤汁作菜馅用;大白菜不宜和猪、羊肝同时食用;家庭一般不应食用铜制器皿盛放或烹制的白菜;如果将大白菜制作为酸菜食用,也不宜食用过多。

6.胡萝卜

家庭食用胡萝卜时,禁忌生食;不宜食用切碎后水洗或久浸泡于水中的萝卜;食用时不宜加醋太多,未油炒的胡萝卜不宜食用;红白萝卜最好不要同时食用;不宜与富含维生素 C 的蔬菜(如菠菜、油菜、花菜、番茄、辣椒等)、水果(如柑橘、柠檬、草莓、枣子等)同食,这会破坏维生素 C,降低营养价值。

7.黄瓜

家庭食用黄瓜时,注意必须食用洗干净的黄瓜;不宜多食偏食;不宜加碱或高热煮后食用。

8. 菠菜

家庭食用菠菜时,注意尽量不要食用只是用开水烫过的菠菜;不应和抗凝血药同时食用;不宜在食用时丢弃菠菜根;小儿不宜多食菠菜;不宜与豆腐同食。

9. 绿豆芽

家庭食用绿豆芽时,注意不宜用铜器盛放后食用或烹制时加碱,用化肥生发的绿豆芽不可食用。

10. 西红柿

家庭食西红柿时,注意不宜和黄瓜同时食用;服用肝素、双香豆素等抗凝血药物时不宜食用;空腹时不宜食用;不宜食用未成熟的西红柿;不宜长久加热烹制后食用。

11. 猪肉

家庭食用猪肉时,注意不宜食用未摘除甲状腺的猪肉;服磺胺类药物时不宜多食;服降压药和降血脂药时不宜多食;禁忌食用猪油渣;未剔除肾上腺和病变的淋巴结时不宜食用;老人不宜多食瘦肉;猪肉食用前不宜用热水浸泡;不宜多食煎炸咸肉;不宜多食午餐肉和肥肉;猪肉忌与鹌鹑肉同食;忌与荞麦同食;猪肉忌与菱角、黄豆、蕨菜、桔梗、乌梅、百合、巴豆、大黄、黄连、苍术、芫荽同食;猪血不要与黄豆同食,不要与地黄、何首乌等一同食用。

12. 羊肉

家庭食用羊肉时,注意不宜食用反复剩热或冻藏加温的羊肉;注意在服用泻下药峻泻后不宜食用;不宜食用未摘降除甲状腺的羊肉;不宜与乳酪、豆酱、醋、荞麦同食;烧焦了的羊肉尽量不食用;未完全烧熟或未炒熟的羊肉不宜食用。

13. 牛肉

家庭食用牛肉时,注意不宜食用未摘除甲状腺的牛肉;不宜使用炒其他肉食后未清洗的炒菜锅炒食牛肉;牛肉与栗子不宜同食;

服氨茶碱时禁忌食用。

14. 鸡肉

家庭食用鸡肉时,注意最好不食用鸡臀尖;鸡肉不宜与兔肉、鲤鱼、大蒜同时食用。

15. 鸭肉

家庭食用鸭肉时,注意最好不与木耳、胡桃、鳖肉同食。

(三)食物中毒的防范和处理

1. 食物中毒后的自救

很多食物中毒的患者不能发现自己的中毒症状,往往在送到医院的时候,症状已经非常严重。食物中毒后第一反应往往是腹部的不适,中毒者首先会感觉到腹胀,一些患者还会腹痛,个别的还会发生急性腹泻。与腹部不适伴发的还有恶心,随后会发生呕吐的情况。

食物中毒自我急救的最常用办法就是催吐。对中毒不久而无明显呕吐者,喝浓食盐水或生姜水是催吐的常规办法,如果还不能吐的话,可用手指或筷子等直接刺激咽喉引吐。

2. 预防食源性疾病和食物中毒的方法

(1)不买不食腐败变质、污秽不洁及其他含有害物质的食品。

(2)不买无厂名无厂址和无保质期等标识不全的定型食品。

(3)不光顾无证无照的流动摊档和卫生条件不佳的饮食店。

(4)不食用在室温条件下放置超过 2 小时的熟食和剩余食品。

(5)不私自采食不熟悉情况的瓜果蔬菜和野生食物。

(6)不食用来历不明的食品。

(7)不饮用不洁净的水或者未煮沸的自来水。

(8)直接食用的瓜果应用洁净的水彻底清洗并尽可能去皮。

(9)进食前或便后应将双手洗净。

(10)在进食的过程中如发现感官性状异常,应立即停止进食。

3. 农药残留引起中毒的预防与处理方法

（1）浸泡水洗法。浸泡的时间不能少于10分钟,最好在水里放上一两滴专门用于蔬菜、水果的清洁剂,泡好之后用清水清洗2～3遍。

（2）碱水浸泡法。有机磷杀虫剂在碱性环境下可迅速分解,有效去除农药污染。一般用100毫升水,加入碱面5～10克,浸泡5～15分钟,然后用清水清洗3～5遍即可。

（3）去皮法。蔬菜瓜果表面农药量相对较多,去皮是一种去除残留农药的较好方法,可用于黄瓜、胡萝卜、冬瓜、茄子等。

（4）储存法。农药在空气中随着时间的延长能够缓慢分解,保存瓜果蔬菜可以通过一定时间的存放来减少农药的含量。

（5）加热法。对于芹菜、菠菜、小白菜、青椒、菜花、豆角等可通过加热法,去除农药残留,方法是先用清水清洗蔬菜,再放入开水中2～5分钟,然后再用清水冲洗一两遍即可。

（6）烹饪充分法。对于像四季豆这样可能引起中毒的食物,注意炒煮熟透,最好红烧烹制,使之充分熟透,并破坏其中所含的毒素,要凉拌也需煮透,以失去原有的生绿色,食用时无生味和苦硬感。摄入未煮熟的四季豆,引起中毒的潜伏期为数10分钟,一般不超过5小时,一旦因食用了未熟透的豆角后出现不适（如恶心呕吐、腹痛腹泻、四肢麻木等症状）者,应马上到医院接受治疗。

（7）彻底洗烫法。食用野菜、野生蘑菇等食品要彻底洗烫,但首先不能采食毛茛、虎耳草、老鹳草、乌头、天南星等毒性植物。不管是什么野菜,不要长期和大量食用。即使是自己挖的野菜,当中也可能夹杂着有毒的野草,误食就会中毒。尽量食用到市场上购买的由食用菌和菜类生产加工企业提供的食品食用。

（8）马铃薯中毒的防范。应将马铃薯放在干燥、阴凉处低温储藏,避免阳光照射,防止生芽。生芽过多、皮呈黑绿色的马铃薯不得食用。生芽较少的马铃薯应彻底挖去芽的根部,削去变青变绿的部分,煮熟煮透再食用。

四、家庭常见疾病的预防与保健

(一)流行性脑脊髓膜炎

由脑膜炎双球菌引起的急性呼吸道传染病,临床表现为高热、头痛、四肢与躯干出现淤斑和脑膜刺激症状,要注意室内空气流通;勤晒衣被;加强户外体育锻炼,增强体质。如一旦出现类似症状,应及时就医诊治。

(二)流行性感冒

由流行性感冒病毒引起的急性呼吸道传染病,患者表现为高热、头痛、四肢酸痛等症状,部分体弱者和老年人得病后易出现肺炎等并发症。每年冬春季是明显的病发高峰,易在幼儿园、学校等集体单位出现传播和集体性发病。预防时要做到定期开窗通风,保持空气流通;加强户外锻炼活动,提高抗病能力;流行季节少去空气浑浊的公共场所。得病后应注意休息,及时就诊治疗。

(三)病毒性腹泻

腹泻是一种肠道传染病,临床上主要表现为恶心、呕吐、腹痛、腹泻等肠道症状,部分病例可伴有发热,严重者出现脱水。感染途径主要是食用污染的水源、食品和日常生活接触。预防措施上应注意饮水、饮食卫生;培养饭前饭后洗手等良好个人卫生习惯;幼托机构加强晨检,做好日常卫生管理。

(四)痱毒

痱子好发于炎夏,搔痒后极易发生红肿热痛。预防痱毒,应经常用热水洗澡,也可用艾叶、金银花、马齿苋各 10 克煎水(约 1 公斤),稍凉后洗浴患处。日常膳食中少吃油腻和刺激性食品,以清淡易消化的食品为宜。同时避免日光直接曝晒,并保持居室通风凉爽。

（五）苦夏

苦夏的主要症状是胃肠消化功能减退,如食欲不振、困倦乏力、胸闷不适、贫血消瘦等。预防苦夏,首先应注意饮食调理,做到饮食清淡,少食多餐,及时补充机体水分;其次,结合自身体质状况,进行体育锻炼,增强体质。

五、常见传染病的防治

《中华人民共和国传染病防治法》规定需要管理的传染病分甲、乙、丙三大类,向卫生防疫机构报告的传染病称法定传染病。

甲类:鼠疫,霍乱。

乙类:病毒性肝炎,细菌性和阿米巴痢疾,伤寒与副伤寒,艾滋病,淋病,梅毒,脊髓灰质炎,麻疹,百日咳,白喉,流行性脑脊髓膜炎,猩红热,流行性出血热,狂犬病,钩端螺旋体病,布鲁氏菌病,炭疽,流行性和地方性斑诊伤寒,流行性型脑炎,黑热病,疟疾,登革热。

丙类:肺结核、血吸虫病、丝虫病、包虫病、麻风病、流行性感冒、流行性腮腺炎、风疹、新生儿破伤风、急性出血性结膜炎,除霍乱、痢疾、伤寒和副伤寒以外的感染性腹泻。

传染病一旦发生,要对病原携带者进行管理与必要的治疗。特别是对食品制作供销人员、炊事员、保育员作定期带菌检查,及时发现,及时治疗和调换工作。对传染病接触者要进行医学观察、留观、集体检疫,必要时进行免疫法或药物预防。对感染动物应隔离治疗,必要时宰杀,并加以消毒,无经济价值的野生动物发动群众予以捕杀。

同时要切断传播途径,采用加强饮食卫生及个人卫生,做好水源及粪便管理,加强室内开窗通风,空气流通、空气消毒,个人戴口罩,药物杀虫、防虫、驱虫的方法。并坚持有计划地提高人群抵抗力,进行预防接种,提高人群特异性免疫力。

（一）常见传染病

一般常见传染病可分为三大类：肠道传染病、呼吸道传染病和虫媒传染病。

常见的肠道传染病有霍乱、伤寒、副伤寒、痢疾、轮状病毒引起的感染性腹泻等。这类传染病经"粪－口"途径传播，是"吃进去"的传染病，通常是由于细菌或病毒污染了手、饮水、餐具或食物等，未经过恰当的处理，吃进去后发病。

常见的呼吸道传染病有流感、军团菌病、肺结核等。这类传染病经呼吸道传播，是"吸进去"的传染病。细菌或病毒可直接通过空气传播，或通过灰尘中细菌或病毒的飞沫核经呼吸道进入人体后发病。

常见的虫媒传染病有乙脑、疟疾、登革热、流行性出血热等。这类传染病是通过一些昆虫媒介，如蚊、螨等叮咬人体后传播，是"叮咬传播"的传染病，昆虫先叮咬病人，然后再叮咬健康人，同时将细菌或病毒传入健康人的体内导致发病。

近些年，世界各国多次爆发呼吸道传染病，呼吸道传染病常见的病状有流行性感冒、麻疹、水痘、风疹、流行性脑脊髓膜炎（简称流脑）等，2003 年后又出现了非典（SARS）、禽流感、甲型 H1N1 流感等。历史上，呼吸道传染病都扮演过"疯狂死神"的角色。1918 年冬末，流感大流行，在全球范围内造成了 5000 多万人死亡。

（二）传染病的基本防护

传染病的传播速度很快，患上传染病的病人在讲话、咳嗽或打喷嚏时的飞沫都会将病菌传播，人们近距离吸入飞沫容易感染；病人随地乱吐痰或乱撸鼻涕，这些痰或鼻涕干燥后夹在里面的病菌就会随灰尘到处飞扬，人一旦吸入带病菌灰尘就易感染；如接触病人的物品，也可能将病菌粘在手上，增加感染的机会。

1. 打预防针

这是预防传染病最好的方法。人们可以针对冬季传染病高发期,采取预防针和其他预防措施相结合的方法,过个健康的冬季。比如老人、儿童、医生、教师、公安、乘务员等接触病人机会多,是容易感染流感的人群,可以在流感暴发流行前打流感疫苗;8 足月以上儿童按时间去打麻疹、风疹、腮腺炎等疫苗;2 岁以上入托儿童,接触水痘患儿多,容易患水痘,可以按时间去打水痘疫苗。

2. 个人卫生预防

从小养成良好的卫生习惯,勤洗手,饭前便后要洗手,从外面回来要洗手,吃东西前要洗手;不用手挖鼻孔,咳嗽、打喷嚏时要用手帕盖住口、鼻,千万不要对着人,不随地吐痰、乱擤鼻涕;个人使用的手帕要经常洗晒。

要注意保暖和多喝水,多吃富含维生素 C 的水果。不吸烟、不酗酒、不食辛辣食物,减少对呼吸道的刺激。

室内要经常开窗通风,每天至少三次,每次不少于 10 分钟。当周围有病人时,应增加通风换气的次数。

3. 得病后及时治疗和保养

一旦得了病,一定要去医院治疗,卧床休息,多喝开水,防止疲劳。

(三)各类传染病的防治措施

1. 肠道传染病防治措施

把好"病从口入关",加强自身防护,管好饮食,不吃腐败变质的食物;不吃苍蝇叮爬过的食物;不暴饮暴食;饭前便后洗手;隔夜的饭菜和买回来的熟食要重新蒸煮;餐具、食物要防蝇;餐具要煮沸消毒;生熟刀板要分开;生食瓜果蔬菜要洗涤消毒;杜绝生吃水产品。不新鲜的水产品不要购买。罐头食品出现鼓起、色香味改变的情况,不可食用。不喝生水。

加强个人防护,了解肠道传染病的相关知识。充足的睡眠和丰富的营养可增强体力;保持良好的心情有助于预防秋季肠道传染病。感染肠道传染病应立即上医院就诊,不要胡乱用药,特别是不能自行使用抗菌素进行不规范治疗。防止耐药性的产生,某些肠道传染病抗生素的不当使用,甚至可导致生命危险。

2. 呼吸道传染病预防措施

室内经常通风换气,保持空气清新;经常做好空调冷却器(塔)、热水管道、淋浴喷头的保洁。讲究个人卫生,不随地吐痰,日用品常进行日照消毒和适当处理;有呼吸道传染病流行时,到公共场所应戴口罩,少到人口密集的地方。减少集会。可进行疫苗的接种,如接种卡介苗预防肺结核、接种流感疫苗预防流感。

3. 虫媒传染病预防措施

这种传染病预防的最好措施是防止被蚊子叮咬,特别是到这种疾病高发地区旅游的,更应注意采取以下防治措施:注意居室灭蚊;如果不能保证彻底灭蚊,房间内则要有有效的防蚊设施,使用蚊帐。使用驱蚊剂,应每隔数小时重复涂搽;外出时(特别是由黄昏至日出时)穿长袖衣服。对早期发现的病人,应早期诊断、早期隔离,防止病毒传播。若在旅行期间或之后有任何高热或类似感冒病征等病的话,要尽快看医生治疗和接受血液检查,越早诊治越有效。

六、家庭应急情况处理常识

(一)打嗝

在吸进凉气或由于其他因素,可能会引起打嗝不止。家庭应急处理方法如下:

(1)尽量屏气,有时可止住打嗝。

(2)让打嗝者饮少量水,尤其要在打嗝的同时咽下。

(3)婴儿打嗝时,可将婴儿抱起,用指尖在婴儿的嘴边或耳边轻轻搔痒,一般至婴儿发出笑声,打嗝即可停止。

(4)如打嗝难以止住,倘无特殊不适,也可听其自然,一般过会儿就会停止。如果长时间连续打嗝,要请医生诊治。中老年人或生病者突然打嗝连续不断,可能提示有疾患或病情恶化。

(二)脚踩铁钉或被钉子扎伤

足部、手部被铁钉刺进后,首先须立即把钉子完全拔除,然后进行应急处理。家庭应急处理方法如下:

(1)拔除钉子后,应挤出一些血液,因为钉子常扎得很深,容易感染。

(2)去除伤口上的污泥、铁锈等物,用纱布简单包扎后,速去医院进一步诊治。

(3)踩到细铁钉或铁针,如铁钉或铁针是断钉、断针,切勿丢弃,可将相同的钉针一起带到医院,供医生判断伤口深度作参考。

(4)扎进钉子,尤其是锈钉子、带泥土的钉子,最易患破伤风,须速去医院注射破伤风毒素。

(三)流鼻血

流鼻血的原因很多,如外伤、挖鼻孔、气候异常、鼻炎、鼻病、高血压、妇女经期代谢性出血等。鼻血流不止时需迅速采取措施止血。家庭应急处理方法如下:

(1)将流血一侧的鼻翼推向鼻梁,并保持 5~10 分钟,使其中的血液凝固,即可止血。如两侧均出血,则捏住两侧鼻翼。鼻血止住后,鼻孔中多有凝血块,不要急于将它弄出。

(2)左(右)鼻孔流血,举起右(左)手臂,数分钟后即可止血。

(3)患者左(右)鼻孔流血时,另一人用中指钩住患者的右(左)手中指根并用力弯曲,一般几十秒钟即可止血;或用布条扎住患者中指根,左(右)鼻孔流血扎右(左)手中指,鼻血止住后,解开布条。

(4)取适量大蒜,去皮捣成蒜泥,敷在脚心上,用纱布包扎好,可较快止血。

(5)如经常流鼻血,必须去医院进一步诊治。

（四）门窗夹指

门窗、抽屉等夹手指看起来不是大病，但严重的指头被夹断、指甲脱落、关节内出血，如果不能及时妥善处理，会使伤情加重，后果恶化。家庭应急处理方法如下：

（1）如果夹伤较轻，只有轻微出血，可先将伤口周围消毒，再用消毒纱布包扎。

（2）夹伤较重，疼痛难忍，应于消炎包扎伤口后，再用厚纸板从指头下方支撑，缠上绷带加以固定，然后用三角巾将手臂吊起来持在脖子颈上。

（3）避免将伤指浸水和过热。

（4）如青紫淤血，压痛明显，不能活动，有可能指头骨折，应速去医院诊治。

（五）皮肤晒伤

炎夏在户外活动，极易引起皮肤晒伤。出现此种情况，需及时正确处置。家庭应急处理方法如下：

（1）如皮肤晒得很红，但并未起泡，可用冷湿毛巾、纱布等敷于患处，或将患处浸泡于冷水中，以减轻疼痛。

（2）如果皮肤起泡或大面积曝晒起泡，应速去医院治疗，切不可再曝露曝晒过的皮肤。

（3）在烈日下运动、工作时，要戴上宽沿的帽子，不要把皮肤曝晒在阳光下，必要时可涂敷防晒霜。

（六）手指割破

手指被刀、玻璃、铁器等划伤割破，是日常生活中容易发生的事，如果不予重视或处理不当，可能会使伤口恶化，引发严重疾患。家庭应急处理方法如下：

（1）如伤口不大不深，出血不多，伤口干净，可用酒精消毒伤口周围，不要将消毒液弄进伤口内，待干后用消毒纱布复盖包扎，或用创可贴粘贴。

（2）不干净的伤口,要先用碘酒沿周围皮肤消毒一次,再用酒精消毒二次,然后用加少量食盐的冷开水冲洗伤口,冲洗时用药棉轻轻擦拭伤口,去除泥土和其他异物,最后再对伤口周围的皮肤消毒一次,以纱布复盖包扎。

（3）如果伤口切缘整齐并且干净,长度在 2 厘米之内,深度不超过 1 厘米,或虽不干净,但经过消毒处理后,在受伤后 8 小时内,可用创可贴或止血消炎贴粘合,使伤口合拢,促使其愈合。

（4）如无创可贴,也可用胶布复盖伤口。但伤口切忌直接接触胶布。可在伤口上涂以消炎药等敷料,或衬以小块消毒纱布。

（5）为了防止感染,可以服些消炎药,如麦迪霉素每次 0.2g,每日 4 次;或复方新诺明 2 片,每日 2 次。

（6）若伤口较深,接触泥土或脏物,还须速去医院注射破伤风抗毒素。

（七）手足生茧、鸡眼、水泡

手足因干体力活或走远路等原因而致生茧、起水泡等,须根据不同情况采取不同的处理办法。家庭应急处理方法如下:

（1）在起水泡或水泡破开处放置消毒棉花、纱布等,以免受到刺激。

（2）不要撕掉水泡处死皮或硬茧,以免感染。

（3）在鸡眼处外敷药膏,每隔 2~4 日敷一次,直至鸡眼处皮肤变白脱落,然后用创可贴外敷 1~2 日即可。

（4）如手足水泡处疼痛剧烈,须去医院诊治。

（八）误吞异物

误吞异物后,应根据异物的形状大小特性,相应作出处理措施。家庭应急处理方法如下:

（1）误吞了钱币、珠子、纽扣等小而圆并且光滑的物体,一般均能通过肠道排出。可多吃些韭菜、芹菜之类的高纤维蔬菜,促进其排出。

（2）如吞咽了尖锐和直棱的物体,例如小发卡、骨头、开式别针等,则很危险,则应速去医院治疗。

（3）如误吞异物后出现腹痛、呕吐暗红色血或黑便,应及时去医院做检查,并作相应处理。

（九）小腿肚抽筋

在游泳、夜间受凉、剧烈运动或过度疲劳情况下,小腿后侧的腓肠肌会突然疼痛、痉挛、僵硬,也就是人们日常所谓的小腿抽筋。出现这种情况,需正确、迅速处理,以免引起严重后果。

家庭或临场应急处理方法如下:

（1）在小腿肚抽筋时,紧紧抓住抽筋一侧的脚大拇指,使劲向上扳折,同时用力伸直膝关节,即可缓解。

（2）在运动中,尤其是游泳时,一旦发生小腿肚抽筋,万不可惊慌失措,否则会因处理不当抽筋更厉害,甚至造成溺水事故。此时应立即收起抽筋的腿,另一只腿和两只手臂划水,游上岸休息。如会浮水,可平浮于水上,弯曲抽筋的腿,稍事休息,待抽筋停止,立即上岸。

（3）抽筋停止后,仍有可能再度抽筋,千万不要剧烈活动和游泳,应注意休息。

（4）可按摩抽筋的小腿,渴些牛奶、橙汁等饮料。

（十）眼圈打青

眼圈打青,多由外伤引起,由于眼周血管丰富,眼周被打击后,很容易引起皮下血管破裂,而致红肿淤血青紫。

家庭应急处理方法如下:

（1）眼圈碰伤或打伤后,在 24 小时内,应用冰袋冷敷,或用毛巾浸透冰水外敷,以减轻伤痛和肿胀。

（2）24 小时后,改用热敷,用毛巾浸湿热水外敷,促使眼圈淤血尽快吸收。

（3）口服三七片、云南白药等,以活血化瘀止痛。

（4）如果疼痛不止或视力减退,患者应速去医院诊治。

第六章 家庭常用品的
采购与账目管理

一、日常生活用品采购要领

　　家政服务员在购物前一般应有意识地列出采购清单,制定一个基本的采购计划。家政服务员可能涉及到的需要协助雇主家庭够买的日常生活用品有:

　　(1)每天的早餐、各类熟食。

　　(2)每周需要购买的油、盐、酱、醋、糖、茶及各种调料、作料。

　　(3)每月需要购买的米、面及卫生、洗涤、洗刷用品等。

　　(4)各类衣物、布料、鞋袜等。

　　(5)家庭必备的常用药品、安全防护用品等。

　　(6)家庭生活所需要的报刊、杂志、文体活动动用品。

　　(7)家居美化所需要的花、各类原材料、小工艺品等。

　　家政服务人员在购物时要注意:认真查看计划购买的商品的质量,看清商品包装、产地和生产日期等。商品包装上没有标明生产厂名、地址、使用说明的商品,最好不要购买;没有明码标价或价码有明显涂改痕迹的商品最好不要购买;过期的食品、饮料不能购买。

　　家政服务员要尽量选择大的商场或超市购买雇主委托购买的家庭生活用品,或在雇主要求下到规定的商店购买。家政服务员平时应该多留意商场、超市中各种物品的价格,以便制定采购计划时向雇主提出建议。购物时不能以自己的喜好为标准,应该养成货比三家的意识,尽量选择最低的价格,选择较好的质量。要问清是否有优惠促销活动。购买物品后不要忘记索要发票,以此作为报账或更换商品的凭证。

二、食品采购的注意事项

(一)购买鱼、肉、蛋类食物注意事项

1.选购猪肉

肉的质量主要从色泽、弹性、黏度、气味等方面进行判断。正常的肉类食品的肌肉有光泽,红色均匀,脂肪洁白;具有鲜血正常的气味;外表微干或微湿,微粘手;富有弹性,手指一摁,凹陷立即消失;煮好的肉汤透明澄清,脂肪凝聚于表面,有固有的香味。

对于病猪肉,病猪周身皮肤有大小不一的鲜红色血点,全身淋巴呈紫色。如果将肉切开从断面上看,脂肪、肌肉中的出血点依然明显。变质肉的肌肉无光泽,脂肪呈灰绿色;有臭味;外表发粘起腐,粘手;肌肉本身没有弹性,手指压后凹陷不能消失,留有明显痕迹;煮好的肉汤浑浊,带有臭味。

对于冻猪肉,正常情况下冻猪肉的外观肌肉呈均匀红色,无冰或仅有少量血冰,切开后,肌间冰晶细小,解冻后,肌肉有光泽,红色或稍暗,脂肪白色;肉质紧密,有坚韧性,指压凹陷处恢复较快;外表湿润,切面有少量渗出液,不黏手。

2.选购牛肉

首先要看肉的颜色,还要通过触摸试试手感,正常新鲜的牛肉呈暗红色,肌肉均匀,有光泽,外表微干,冬季时肉的表面容易形成一层薄薄的风干膜,脂肪呈奶油色。新鲜的牛肉富有弹性,指压后凹陷可立即恢复。不新鲜的牛肉的肌肉颜色发暗,无光泽,脂肪呈黄绿色,指压后凹陷不能恢复,留有明显压痕。

3.选购羊肉

从羊肉的颜色、弹性、黏度以及气味上进行鉴别,新鲜羊肉的

肉色鲜红,有光泽,肉细而紧密,有弹性,外表略干,不粘手,气味新鲜,无其他异味。不新鲜的羊肉肉色深暗,外表粘手,肉质松弛无弹性。至于变质羊肉,则肉色明显发暗,外表无光泽且粘手,有黏液,脂肪呈黄绿色,有异味甚至臭味。

4. 鉴别注水肉

注水牛羊肉——色泽鲜红,较湿润,看上去"很新鲜",这种肉肌肉组织松软,血管周围出现半透明状红色胶,弹性差,一般有明显切割痕迹。

注水猪肉——色泽呈淡红色,比正常的猪肉要亮一些,其他特征同注水牛羊肉相似。而且肉一旦注水,水会从瘦肉中渗出,割下一块瘦肉放在盘中,稍待片刻就会有水渗出。

5. 选购鱼类或其他水产食品

挑选活鱼时要选择可较长时间存放而不易死亡的鱼,不要选购即将死亡的鱼。主要通过看鱼的流动情况或看鱼背情况:优质活鱼在水中流动自如,在受惊吓时反应明显,尾部迅速摆动;而即将死亡的鱼,流动缓慢,对刺激反应迟缓。优质活鱼鱼背直立;不翻背,而即将死亡的鱼鱼背倾斜,不能直立。

选购冻鱼时主要通过一看鱼眼、二看肛门、三看鱼表和鱼形,质量好的冻鱼眼球凸起、清亮、黑白分明、洁净无污物,眼球凹陷、无光泽的为次品。

鱼体表面最易变质的是肛门,这是鉴别冻鱼新鲜与否的重要部位。如鱼体内部不新鲜,肛门会表现松弛、腐烂、红肿、突出或有破裂。而质量好的冻鱼的肛门完整无裂,外形紧缩,无黄红浑浊颜色。

质量好的冻鱼,色泽鲜亮,鱼鳞无缺,肌体完整。质量不好的冻鱼,皮色灰暗、无光泽,体表不整洁,鳞片不完整,鱼体不清洁或有红色液体。

挑选新鲜蟹类食品时应注意,质量好的蟹:背面为青色,腹面为白色并有光泽。蟹腿、螯均挺而硬并与身体连接牢固,提起有重实感;次品蟹—般背面呈青灰色,腹面为灰色,用手拿时感到有轻飘飘的感觉,按头、胸、甲两侧均感到壳内不实,蟹腿、螯均很松懈。

挑选海带时应注意,海带肥肥的,颜色特别绿,还很光亮,可能是用化学品加工过的。一般海带的颜色是褐绿色,或是深褐绿色。正常情况下,新鲜海带通常经开水烫后,再晾干处理,颜色是灰绿色的。

挑选水发食品时应注意,常见的水发蹄筋、水发海参、水发酸鱼等,如果发现食品非常白,体积肥大或食品中留有一些刺激性异味,应避免购买和食用这种食品,因为这有可能是用甲醛泡发的,并且手一握就很容易碎。

6.选购鸡、鸭、鹅等禽类食品

如果时选购活的禽类,注意辨别:健康的禽类羽翼丰满,冠鲜红,眼有神,头、口、鼻等颜色正常;肛门没有石灰质粪便。

考虑到禽流感的传染,建议家庭可以尽量少购买或不购买活的鸡、鸭、鹅等。挑选质量好的禽类时应注意选择眼球饱满、皮肤有光泽、外表微干或稍微湿润,不粘手,手指压后凹陷立即恢复,气味正常,煮沸后肉汤透明,有香味的肉体。

7.选购蛋类食品

在阳光下或灯光下将蛋类对照光源照射,如果蛋里面有黑点或黑块,用手摇动时有响声,则为质量不好的蛋甚至是变质蛋。或把蛋放在水桶里,一般能平躺在水底的蛋是新鲜蛋,能斜立在水中的蛋是放置了一段时间的蛋,如果蛋在水中笔直挺立,则属于质量变质的蛋。

(二) 购买饮料

购买饮料时首先要看饮料瓶表面是否有完整的商标,商标中一般包含商品名、出厂名、出厂地址、食品成分、生产日期、食品保存期或保质期等。

也可以通过如下办法辨别饮料的质量好坏,如拿起饮料瓶,观察液体里是否有杂质、沉淀物、分层现象;检查饮料瓶的瓶壁上是否有棕褐色的沉垢;看液体颜色与饮料应有的成分是否有不相符的情况。

(三)购买水果

家庭生活中在购买水果时除了要注意购买无明显病虫害的水果外,还应注意在购买前品尝和区分:激素草莓——中间有空心、形状不规则又很硕大的草莓,一般是激素过量所致;硫磺香蕉——如果是用二氧化硫来"催熟"的香蕉表皮变得嫩黄好看,但果肉吃上去很硬,对人体也有害;有毒西瓜(含催熟剂、膨大剂等激素)——西瓜皮上的条纹黄绿不均匀,切开后瓜瓤特别鲜艳,可瓜子却是白色的,吃起来没有甜味。

(四)购买鲜牛奶或奶粉

购买鲜牛奶时如果发现奶瓶上部出现清液,下层呈豆腐脑沉淀在瓶底,说明奶已变酸、变质。可以用搅拌棒将奶汁搅匀,观察奶液是否带有红色、深黄色;有无明显的不溶杂质;有无发粘或凝块现象。如果发生了以上现象,则说明奶中掺入淀粉等物质。

新鲜优质牛奶应有鲜美的乳香味,不应有酸味、鱼腥味、饲料味、臭味等异常气味。鲜美的牛奶滋味是由微微甜味、酸味、咸味和苦味4种滋味融合而成的浑然一体,但不应尝出酸味、咸味、苦味、涩味等异味。

至于选购奶粉时首先还是应该看奶粉包装袋或包装罐上的商标标示是否完整,包装是否符合卫生要求,同时还可以运用如下方法进行检验,一是试手感。用手捏住袋装奶粉的包装来回摩擦,真奶粉质地细腻,发出"吱、吱"声音。假奶粉因掺有葡萄糖、白糖等较粗颗粒,会发出"沙、沙"的声音。二是色泽鉴别。真奶粉呈天然乳黄色,假奶粉颜色较白,细看呈结晶状,并有光泽,或呈漂白色。三是滋味鉴别。真奶粉细腻发黏,溶解速度慢,无糖的甜味。假奶粉入口后溶解快,不粘牙,有甜味。最后还可以看奶粉的溶解速度,真奶粉用冷开水冲时,需经搅拌才能溶解成乳白色混悬液;用热水冲时,有悬浮物上浮现象,搅拌时粘住调羹。假奶粉用冷开水冲时,不经搅拌就会自动溶解或发生沉淀;用热开水冲时,溶解迅速,没有天然乳汁的香味和颜色。

(五)购买盐或调味品

看外包装可以辨认盐的真假,假盐袋子的旁边一般有三条折痕。盐业公司加工生产的盐,它的包装袋是一整张薄膜现场机器包装而成,在边缘上就不会存在折痕。另外,将盐倒出后,滴上几滴碘盐测试液,含碘的食盐就会马上变蓝色,这样的盐才是真盐。

优质酱油:一般应该是红褐或棕褐色,有光亮,倒入白瓷碗时会发现酱汁粘稠度一致,倒出时碗壁附着一层酱油有香气;劣质酱油一般呈黄褐色,液面暗淡无光,汁液稀薄,甚至可以见到悬浮物和沉淀物,香气比较淡。优质食醋:一般应为棕红色或深褐色,白醋为无色透明,有光泽,有香气,酸味柔和,回味长,浓度适当,无沉淀悬浮物及霉花浮膜。劣质食醋一般色浅淡,颜色发乌,无香味,口味单薄,除酸味还有明显苦涩味,甚至会有沉淀物或悬浮物。

(六)购买酒类商品

家政服务员在帮助雇主家庭购买酒类商品时,在开瓶前,应注意检查。但价格比较昂贵的酒应该建议雇主亲自购买。

1.检查标贴

正规的酒类产品的标贴,所用纸的质量都比较好,图案分明,文字清晰,色泽鲜明,干净清洁。

2.检查瓶盖

正规产品的瓶盖,一般都制造比较精细,盖体圆润,盖上的图案,文字清晰,封口严密。

3.检查酒液

质量正常的酒,酒色清澈、透明,富有光泽,看上去亮晶晶的,不会有浑浊、暗淡甚至悬浮物和沉淀物的现象。

（七）购买茶叶

家政服务员在帮助雇主家庭购买茶叶时,应注意检查,但价格比较昂贵的茶叶应该建议雇主亲自购买。

1. 检查是否干燥

以手轻握茶叶微感刺手,用拇指与食指轻捏会碎的茶叶,表示茶叶干燥程度良好。

2. 检查叶片整齐度

茶叶叶片形状、色泽整齐均匀比较好,碎叶多为次品。

3. 检查茶叶外观色泽

各种茶叶成品都有其标准的色泽,一般要达到色泽饱满。

4. 闻茶叶的香气

各类茶由于制法及发酵程度不同,香气也不一样。绿茶清香,乌龙茶有熟果香,红茶有焦糖香,花茶则有熏花之花香和茶香混合之强烈香气。茶汤香气要纯和浓郁。

5. 检查茶的汤色

茶叶因发酵程度不同而呈现不同的水色,茶汤要澄清鲜亮带油光,不能有混浊或沉淀物产生。

（八）购买其他食物

1. 大米

如果从市场上购买的大米鲜亮无比,很可能大米是用矿物油抛光过。用少量热水浸泡这种大米时,手捻之有油腻感,严重者水面可浮有油斑。另外,因上油抛光米颜色通常是不均匀的,仔细观察会发现米粒有一点浅黄。

2. 干辣椒

颜色不能太亮丽,否则可能是用硫磺熏过。完全没有斑点,正常的干辣椒颜色是有点暗的。用手摸干辣椒,手如果变黄,是硫磺加工过的。仔细闻闻,硫磺加工过的多有硫磺气味。

3. 蘑菇

雪白透亮的蘑菇很可能用漂白粉泡过,蘑菇是生长在草灰里的,难免会沾上草灰。正常蘑菇摸上去,有点黏糊糊的,漂白过的蘑菇摸上去只是光滑,不会有腻腻的手感。

4. 枸杞

颜色特别鲜红光亮的可能是"毒枸杞",颜色略发暗、略带土色的是天然枸杞。"毒枸杞"摸上去有粘黏感,天然枸杞则相对干燥。

5. 豆芽

自然培育的豆芽,芽身挺直,芽根不软,有光泽且白嫩,稍细,无烂根、烂尖等现象;用化肥浸泡的豆芽色泽灰白,芽杆粗壮,根短、无根或少根,豆粒发蓝,如将豆芽折断,则断面有水分冒出,有的还残留有化肥的气味。

6. 银耳

银耳的色泽并非越洁白品质越好。银耳经硫磺熏制可去掉黄色,外观饱满充实、色泽特别洁白,但存放时间稍长,约 10～20 天又会因与空气接触而氧化还原为原来的黄色进而发红。选购银耳时可取少许试尝,如舌头感到刺激或有辣味,则可能是用硫磺熏制的。

7. 黑木耳

真木耳嚼后纯正无异味,并有清香气。假木耳通常都有掺假物的味道,如有涩味,说明用明矾水泡过;有咸味,是用盐水泡过;有甜味,是用糖水拌过;有碱味,则可能用碱水泡过。

8. 黄花菜

如果用硫磺熏黄花菜就会使菜变鲜变干,黄花菜经过鲜菜到干菜这一制作过程,正常情况下色泽应该是越来越深,所以"色泽特别好"的干黄花菜多数可能是二氧化硫严重超标,有刺鼻酸味。

三、家庭日常生活账目管理常识

（一）制定家庭采购计划

家政服务员要具备制定家庭生活用品采购计划的能力。家庭生活中每天需要采购什么商品、采购多少、有客人来时需要增加的采购数量等，都是家政服务人员应该具备的工作能力。

采购前家政服务员要计划好：采购商品和食品的种类和数量；采购资金；采购地点，如何搬运；安排好储藏、保管所采购的物品的办法。

（二）制作家庭采购账目明细报表

无论雇主是否有过明确要求，家政治服务员都要养成记账并制作家庭采购账目明细表的能力，常见的记账单形式见下表。

家庭采购账目明细表

时间	采购物品内容			收入	支出	结余
年月日	品名	数量	价格			
合　计						

第七章 家用电器、燃具的使用安全与保养

一、家庭用电安全常识

购买家用电器时,应购买国家认定生产的合格产品,不要购买"三无"的假冒伪劣产品。要确认电源种类是交流还是直流,电源频率是否为一般工业频率50Hz,电源电压是否为民用生活用电220V,耗电功率是多少,家庭已有的供电能力是否满足,注意使用电压和功率应不超过家庭电源插座、保险丝、电表和导线的允许负荷,如果负荷过大超过允许限度便容易引起用电事故。核对无误方可考虑使用。

安装家用电器时,要注意电器的使用环境,不要将家用电器安装在潮湿、有热源、多灰尘、有易燃和腐蚀性气体的环境中。对于厨房、贮藏室等易受潮和腐蚀性的场所,要经常检查有无漏电现象,一般可用验电笔在墙壁、地板、设备外壳上进行测试。

使用家用电器时,要有完整可靠的电源线的插头,不能将导线直接插入插座,不要用双脚插头和双脚插座代替三脚插头和三脚插座,以防由于插头错接造成家用电器金属外壳带电,发生触电伤亡事故。

电暖器、电炉子、电热器、电淋浴器、电熨斗、电烙铁等电热设备电流较大、热量高,因此都应由自身的开关操作,严禁用插头操作,且插座的容量应保证满足安全要求。不能在地线和零线上装

设开关和保险丝,禁止将接地线接到自来水、煤气、暖气和其他管道上。

家用电器在使用时,不要用湿手触及开关和外壳。不能用湿手触摸灯口、开关和插座。更换灯泡时,必须先关闭开关,然后站在干燥绝缘物上进行操作。灯线不要拉得太长或到处乱拉。使用电吹风机、电烙铁等电器,不要将电线绕在手上。移动电器时,一定要切断电源,不能用手拽电线。家用电器的电源线绝缘破损时,要用绝缘包布包扎好,不能用伤湿止痛膏之类药用胶带包扎。

家用电器在使用完毕时,要随时切断电源。如发现电器设备有故障或漏电起火,要立即拉开电源开关;在未切断电源前,不能使用水或酸、碱泡沫灭火器灭火。如果发现有人触电,应赶快切断电源或用干燥的木棍、竹竿等绝缘物将电线挑开,使触电者马上脱离电源。如触电者昏迷,呼吸停止,应立即进行人工呼吸,尽快送医院抢救。

长期不使用的电器,最好每个月定期通电、通风 2 ~ 3 小时,以防电器部件受损,影响使用寿命。

二、家庭常用电器的安全使用常识

(一)电视机

应放置在阴凉通风处,不要阳光直晒和碰撞,开机后不要用湿冷布或冷水滴接触荧光屏。湿度大的地区或季节要坚持每天开机以防电视受潮,不允许带电打开盖板检查或清扫灰尘,电压过高或过低时尽量不要开机,室外发生雷电时应停止使用,并将天线插头拔掉,以免造成电器零部件短路引起火灾。电视机遇有故障,非专业人员不可擅自打开后盖修理,以免遭到危险的高压电击。

(二)电风扇

必须具有接地或接零保护,接通电源采用三脚插头,摇头的风扇注意其活动空间不要碰墙,要防止小孩将手指伸入风扇罩内。

移动电扇时不要随意碰压、拉扯电线,以防止漏电。

(三) 电熨斗

必须具有接地或接零保护,接通电源采用三脚插头,使用时或用毕后不能立即放置在易燃物品上,用后应立即切断电源,防止高温引起火灾,不要用熨斗敲击其他物品,以防熨斗内部损伤。

(四) 洗衣机

必须具有接地或接零保护,接通电源采用三脚插头,不能用湿手去拔插头,脱水、洗衣桶、波轮、搅拌器旋转部件运转时,不能将手伸进洗衣桶内,使用时如果发现电机出现异常声音、气味应立即切断电源停止使用。

(五) 吸尘器

使用时注意电缆的挂、拉、压、踩,防止绝缘损坏;要及时清除吸尘器里的垃圾、灰尘,防止吸尘口堵塞烧坏电机;禁止吸入易燃粉尘,尽量采用双重绝缘或安全电压保护的吸尘器,电源开关应便于紧急状况下切断电源。

(六) 电冰箱

应放置在干燥通风处,并注意防止阳光直晒或靠近其他热源。必须采用接地或接零保护,接通电源采用三脚插头,电源线应远离压缩机热源,以免烧坏绝缘造成漏电。避免用水清洗,冰箱内不得存放酒精、轻质汽油及其他挥发性易燃物品。

(七) 空调器

空调器消耗功率较大,使用前务必核对电源保险丝、电度表、电线是否有足够的余量。使用前一定取下进风罩,使进风口及毛细管畅通,以防内部冷媒不足导致空压机烧毁。使用时制冷制热开关不能立即转换,通断开关也不得操作频繁,必须采用接地或接零保护,热态绝缘电阻不低于 2 兆欧才能使用。

三、家庭常用电器的使用、清洁与保养常识

(一)厨房常用电器的使用与清洁保养

1. 煤气炉

煤气炉的清洁与保养,是家庭厨房电器设备比较难的。日常使用时就要养成使用后立即以中性清洁剂擦拭台面的习惯,以免长期积存脏污,日后清洗困难。每周应该将炉内感应棒擦拭干净,用铁丝刷去除炉嘴碳化物,并刺通火孔。要定期检查煤气橡皮管是否松脱、龟裂或漏气,以免煤气外泄。煤气炉具与窗户的距离至少在 30 厘米以上,避免强风吹熄炉火,而煤气炉与吊柜及抽油烟机的安全距离则为 60~75 厘米。

2. 抽油烟机的使用与清洁、保养

(1)抽油烟机的使用。使用抽油烟机必须使用可靠接地的电源插座,首先将电源插头插入带有接地装置的三芯电源插座中,也必须接上可靠的接地地线;抽油烟机排出的气体不应排到用于排出热水器废气或其他燃料烟雾的热烟道中,以防火灾的发生;抽油烟机在燃气灶消耗煤气或其他燃料时,房间必须通风良好;禁止用灶具的火直接烧烤抽油烟机,抽油烟机运行时注意不要让火苗或其他物质被吸入机体内;安装烟管出口应避免设在挡风处,以免外面强风倒灌影响烟气的排放,排烟管严禁接入热烟道;抽油烟机运行时,千万不要用手摸风扇,更不要用硬物插入。

(2)抽油烟机的清洁。抽油烟机由于清洗起来比较复杂,可请专业人士清洗。日常对抽油烟机在保养或维修时务必先将插头拔掉,以免触电。日常使用后养成以干布沾中性清洁剂擦拭机体外壳的习惯,当油烟机的集油盘或油杯达八分满时应立即倒掉以免溢出;定期用去污剂清洗扇叶及内壁,附有油网的除油烟机,油网应每半个月用中性清洁剂浸泡清洁一次,再用清水冲净即可;另外,将洗净后的油杯内倒入少许洗碗精稀释液,可以让下次清洗时

更轻松。

抽油烟机清洗的工作程序：

（1）拆卸清洗。首先切断抽油烟机电源后把抽油烟机从吊装位置卸下，然后对油烟机其进行解体，依次取出照明灯泡、集油盒、底面板、密封圈、叶轮，最后提出机体内芯并摆放好。

（2）浸泡清洗件。找一个较大的容器，再倒入清洗液，将拆下的部件进行浸泡。清洗液数量不要太少也不要太多，以能泡过所拆清洗件为准。大件则应采用抹布蘸清洗液进行冲洗。清洗件浸泡时间根据油污程度而定，一般 15～20 分钟为宜。

（3）刷洗污件。经过浸泡后的油污部件比较容易清洗，一般用铁刷、毛刷蘸清洗液进行反复清洗就可以洗干净。但油污严重的抽油烟机则要采取特殊清洗措施才可以清洗干净。

3. 电冰箱的使用与清洁、保养

电冰箱在购买回家里之后，要静放两小时以上才可以连接电源使用，这样在运输过程中存在于管道中的制冷剂等物质产生的气泡慢慢消失，冰箱功能才能更好地发挥。冰箱应避免较多的湿气，减少金属零部件生锈的机会。在清洁时，绝不能用水直接冲淋，不然会导致漏电，发生故障。冰箱周围通风良好，可提高制冷效果，节省用电。

（1）冰箱的使用注意事项。热的食物不要直接放入冰箱内；存放食物不宜过满、过紧，要留有空隙，以利冷空气对流，减轻制冷系统的负荷，延长使用寿命，节省电量；冰箱只能起冷藏作用，不太可能会把细菌冻死，因此食物不可生熟混放在一起，一般情况下熟食放在上层，生食放在下层，以保持卫生；鲜鱼、肉、蔬菜等生食要用塑料袋封袋，在冷冻室贮藏，以交叉污染；不能把瓶装液体饮料放进冷冻室内，以免冻裂包装瓶，应放在冷藏箱内或门搁架上；电冰箱不能用来储藏化学药品；如果把中药材放入冰箱时，一定要严格密封；一般食品存放时间不应超过一周，熟食保存最好用带盖的容器或加保鲜膜。冷藏温度范围应在 0℃ ~10℃之间;冷冻温度范围应在 -20℃ ~1℃之间。

(2)冰箱清洁。首先是要定期清洁,由于目前家用冰箱使用频率过高,可以考虑每周至少一次对冰箱进行清洗、除菌、消毒。

除了对冰箱内部常规部位进行消毒外,更应该用高效的冰箱专用消毒剂对冰箱内部的滴水槽、隔板槽等死角进行喷射消毒。冰箱内壁、死角喷雾完成后,应该将冰箱门关闭 5 ~10 分钟,让消毒剂充分杀菌,最后再用抹布抹干净。

(3)冰箱除霜。当冰箱内壁表面霜层达到 5 ~7 厘米时,应及时除霜。首先应先切断电源,取出冷冻物品,然后敞开箱门,待霜层开始融化、松软时用除霜铲刮除。千万不要用利器铲刮内部的结霜。接下来再用干净的抹布把冰箱擦干净,确保冰箱干燥无水分。

(4)冰箱除味。冰箱使用一段时间后打开冰箱门都可能闻到一股异味,可以用柚子皮、柠檬或茶叶等方法来除味,使用时只需要将柚子皮或切好的柠檬放入冰箱内就可以了。也可以用茶叶,将一般的茶叶用纱布包好后放入冰箱同样可以消除臭味。

4. 电饭锅的使用与清洁、保养

(1)电饭锅使用注意事项。轻拿轻放,防止损坏;煮饭、炖肉时应时时注意查看,以防汤水等外溢流入电器内,损坏电器元件;使用电饭煲时,注意锅底和发热板之间要有良好的接触;用完电饭煲后,应立即把电源插头拔下;不要用电饭锅煮酸、碱类食物;使用时,应将蒸煮的食物先放入锅内,盖上盖,再插上电源插头。取出食物应先将电源插头拔下,以确保安全。

(2)电饭锅清洁保养。进行内锅清洗时要注意电饭锅的内锅内壁上有一层涂层。为了保护涂层,清洗内胆前,可先将内胆用水浸泡一会,不要用坚硬的刷子去刷内胆。清洗后,要用布擦干净,不能带水放入壳内。外壳及发热盘切忌浸水,如果浸水只能在切断电源后用湿布抹净。进行外壳清洗时对于电饭锅外壳上的一般性污迹,可用洗洁灵或洗衣粉的水溶液进行清洗。

5.微波炉的使用与清洁、保养

(1)微波炉的使用注意事项。微波炉应放在空气流通的平台上,两侧及背面与墙壁至少有 5～10cm 的距离,保证顶部排风口排气流畅;勿放置在高温、潮湿的地方或靠近带磁场的电器;最好选用适当的器皿,如抗热的玻璃制品或陶瓷制品、耐热的塑料制品、耐热膜;不可以使用的器皿包括金属容器(包括内衬铝箔的软包装)、带有金属装饰条纹的玻璃和陶瓷器具、易碎的器具、采用粘和方式制作的器具、内壁涂有色彩或油漆的各种容器。

用微波炉加热食物时还要注意,每次放入的食物不宜过多或过厚;使用保险膜加热食物时需留有小孔;不用时要将微波炉的定时器旋转到"停"的位置;冷冻食品需先解冻后再烹调;不宜将食品直接放在玻璃转盘上烹调。

(2)微波炉的清洁、保养。清洗微波炉时要特别注意清洗门封、玻璃转盘和轴环;微波炉的门封要保持洁净,并要定期检查门闩的光洁情况;对于玻璃转盘和轴环的清洗,要长期保持,可以用肥皂水来清洗,然后用水冲净擦干;若玻璃转盘和轴环是热的,需等其冷却后再进行处理。

(二)洗手间常用电器的使用

1.热水器的使用与清洁、保养

(1)电热水器。电热水器使用时应注意:打开混合阀洗浴时,喷头不应直接对着人体,待水温调至合适时使用,水温过高或过低都会给使用者带来不适;洗浴结束后,要先将喷头远离人体,然后将混合阀关闭,将热水器电源关闭,同时要将喷头中的水甩干,并将喷头挂在喷头支座上。

若长期不使用热水器,应将热水器内胆中的水排空,以防水变质出现异味及内胆结垢。

热水器通电使用前,必须确保热水器内胆注满水,否则会造成热水器空烧,损坏加热管,引起温控器跳闸。

有的电热水器没有排污阀,需要请专业人员来清洁。有的电热水器配有排污阀,可根据说明书自行排污。

(2)燃气热水器。使用燃气热水器时应注意:使用时一定要开启排气扇流通室内的空气;不要把毛巾等易燃物品放在热水器上,附近不要堆放易燃或有腐蚀性的物品。

热水器使用一段时间,可打开热水器面壳,用干布擦拭干净点火针及火焰感应针,应注意擦拭力度不宜过大。

燃气热水器也会老化,要及时保养。必须经常检查供气管道各处接口有否泄漏,橡胶软管是否完好,是否出现裂纹,一旦发现应及时处理及更换。

2.洗衣机的使用与清洁、保养

(1)洗衣机使用注意事项。注意用水量和洗衣量,普通洗衣机都标有衣物洗涤重量,如果洗衣时投放的衣物过多,不仅翻滚差,磨损率高,洗净度低,而且还有可能引起过载烧坏电机。

使用洗衣机衣料会有一定程度的磨损,减少磨损的方法是根据衣料性质和脏污程度,掌握洗涤时间和弱洗、中洗、强洗三种方式。

注意洗衣桶的水量不能少于规定用量(一般每公斤衣料为20公斤水),否则衣物漂浮不起,会与波轮直接磨擦。每次洗衣物不能少,否则由于负载较轻而加剧衣物的翻动和磨损。

注意洗涤时间,注意不要有过硬物体投入洗衣机,注意脱水时不要打开机盖。

(2)洗衣机的清洁、保养。每次洗衣后,要排净污水,用清水清洗洗衣机桶;用干布擦干洗衣机内外的水滴和积水;将操板上的各处旋钮、按键恢复原位;排水开关指示在关闭位置,然后放置于干燥通风处;注意不同质地的衣物要分开洗,不要在不安全情况下进行洗涤。

注意洗衣机不使用时要拔掉电源插头。

清除洗衣机污垢可以到超市买洗衣机专用清洁剂,根据洗衣机的使用年限,加适量的药粉和温水浸泡数小时后搅动,就能够清除掉。

如买不到专用清洁剂,也可以采用土方法:根据洗衣机的容量,将半瓶至一瓶醋,倒入洗衣机内桶,加温水到 3/4 桶高,浸泡 2 小时,然后开动洗衣机让它转动 10~20 分钟,脏水放掉后再放半桶清水,加 1/4 瓶消毒液,开动洗衣机转 10 分钟后放掉水,再加入清水让洗衣机漂洗干净即可。

(三)家庭其他常用电器的使用、清洁与保养

1. 电视机的使用与清洁、保养

(1)合理摆放。在观看电视时,必须要有合理的距离,一般电视机最好要保证有 2.5 米以上的观看距离。

(2)正确调试。为了保护视力,电视机的图像要亮度适中,黑白对比适中,否则会影响视力。

(3)防止臭氧逸出。当高能电子对空气中的氧进行轰击时,电视屏幕与空气中的氧结合就会产生臭氧。为了减少臭氧对人体的影响,必须加强室内通风,减少电视机开关次数,保持观看距离。

(4)电视机的使用要注意。不能长时间开着电视机;为了保证散热,不要在电视机上面放置物品;摆放在固定的地方,不要经常搬动;注意防震、防潮、防尘,发现异常现象要及时修理;遇到下雨打雷的天气最好不要观看电视,要拔掉电源和天线;电视机一旦起火,千万不可用水去浇,只能用沙或干粉灭火剂灭火。

(5)电视机的保洁包括荧屏清洁、内部清洁、外壳清洁。一般清洗电视机外壳和荧屏时,要先将电源插头拔下,切断电源,用柔软的布擦拭。如果外壳油污较重时,可用 40℃ 的热水加上 3~5 毫升的洗涤剂搅拌后进行擦拭。内部清洁则最好找专业公司进行。

2. 家用 DVD 机、音箱的使用与清洁、保养

尽量选用正版的 VCD、CD、DVD 碟片,使用时选曲不要过于频繁,功放功率不宜过大,大功率功放应关小音量后再开机。DVD 和音响、功放在开机应先开 DVD 再开功放,关机则相反,先关功放,再关 DVD。使用家庭卡拉 OK 时,应先将 MIC 音量关小再打开话筒,以免大音量时引起啸叫损坏喇叭,话筒应尽量远离喇叭,喇叭则尽量远离电视机。

3. 空调的使用与清洁、保养

(1)空调使用注意事项。使用前一定要先清洗空调过滤网的积尘,然后用消毒液将过滤网浸泡消毒;每天开机的同时先开窗通风一刻钟,第一次使用的时候应该多通风一段时间,让空调里面积存的细菌、霉菌和螨虫尽量散发;室内开空调的时间不要太长,最好经常换气,以降低室内有毒气浓度,定期注入新鲜空气;严禁在房间内吸烟;要注意调整室内外温差,一般不超过 8～10℃为好;注意空调在运转时,千万不要对着它喷洒杀虫剂或挥发性液体,以免漏电酿成事故;儿童、老人和病人房间的空调使用时切忌气流直接对着人;空调的出风口一定不要被衣物、窗帘等阻挡,这样不但影响使用效果,严重时甚至可能出现事故。

(2)空调的清洁、保养。空调一般在夏季使用前至秋季使用后需进行一次清洗保养。要彻底杀灭空调中的病菌,最好请专业技工用空调专用清洗液清洗一次。空调在换季时,应对过滤网进行清洗、晾干,在使用过程中不能频繁开关,一般间隔 5～10 分钟,会对压缩机起到保护作用。清扫空调器时,务必关掉电源,以免触电或受伤害。在空调运转中,不要拔掉电源插头,否则,会导致触电或发生火灾。

第八章 孕产妇及新生儿护理

一、孕妇护理

孕妇从最后一次月经到分娩经过40周左右。怀孕期间,孕妇的情绪、饮食、工作与生活环境等都会影响到自身的健康和胎儿的发育。孕期护理就是要为孕妇提供良好的生活起居服务和饮食服务,为孕妇创造良好的条件,从而有利于其身心健康和胎儿发育。本章为大家介绍怀孕期妇女的身心特点和生活起居与饮食护理知识。

(一) 孕妇的生理心理特点

1. 生理变化

妇女怀孕后都会出现不同程度的生理变化和妊娠反应,这些反应在妊娠早期(怀孕1~3个月)、中期(怀孕4~7个月)和晚期(怀孕8~10个月)又有所不同。

(1)怀孕早期。怀孕前3个月,大多数孕妇会出现头晕乏力、恶心、呕吐(特别是早上刷牙时容易呕吐)、食欲不振、挑食(如特别喜欢吃酸的或辣的食物、厌恶油腻)等现象,这是由于体内激素发生变化及胃酸分泌减少、胃排空时间延长等因素引起的正常妊娠反应。但少数妇女会出现持续呕吐,甚至不能进食、进水的妊娠剧吐现象。

(2)怀孕中期。这一时期,妊娠进入较为平稳的阶段。妊娠早期出现的呕吐等现象逐渐消失,胎儿生长加快,所需营养加大,食欲增加,乳房开始增大并且出现胀痛,乳头有刺痛和抽动的感觉,乳晕面积增大,颜色变深。同时,由于子宫膨大压迫膀胱,会出现尿频。

进入第5个月后,孕妇开始感觉到胎动,并随着胎儿的发育越来越明显。由于子宫愈来愈大并压迫大肠,孕妇会出现便秘和腿部静脉曲张、浮肿等现象,甚至会导致痔疮或使原有的痔疮加重,应注意防范。

（3）怀孕晚期

怀孕8个月后,胎儿基本发育完善,子宫也进一步增大,并挤压到胸腔,孕妇会感到呼吸短促、胃胀、食欲减退、容易疲劳,偶尔还会出现小腿抽筋、后背和腰部疼痛、下肢浮肿、行动困难等。

进入第9个月后,胎儿进入骨盆,呼吸短促情况有所好转,但孕妇又会出现尿频。接近预产期,孕妇会出现临产先兆,如子宫不规则收缩、见红、羊水流出等。

2. 心理变化

怀孕是妇女一生中的一大喜事,特别是实行计划生育后,每个妇女一生就只有这么一次经历,因而也特别珍惜。对于期盼宝宝降临的年轻夫妻来说,一旦得知已经怀孕,内心的喜悦往往溢于言表。但是,随着妊娠反应加剧,不少妇女会由于难受而开始变得心烦意乱,继而由于心理负担过重而出现焦虑、恐惧、忧郁等不良反应,严重者会导致失眠、厌食,身体抵抗力下降,甚至影响胎儿的发育。

孕妇常见的心理负担主要有:害怕分娩时的阵痛,担心能否顺利分娩,会不会发生难产,生下来的孩子是否健康,是男孩还是女孩,长相是否漂亮,产后体形能否恢复等等。尤其是有的家庭重男轻女思想严重,使得孕妇心理负担加重。正因为有了这些思想负担,孕妇往往都会显得比以往"小气",这是孕妇常见的心理现象。

尤其要注意的是,孕妇的情绪波动过大会影响胎儿的身体健康和智力性格。例如孕妇长期焦虑不安、惊恐不定可引起胎儿缺乏安全感,易于形成不稳定的性格和脾气。如果过分激动,就有可能造成血液升高而带来妊娠呕吐,甚至导致子宫收缩造成流产和早产。所以,孕妇要经常保持心情舒畅、坚持散步、多听轻柔优美的音乐。

其实,妇女怀孕后,内心深处渴望得到家人特别是丈夫更多的理解、体贴和呵护,只要有一个舒适平和的家庭氛围,亲人常在自己的身边,给自己安全感,一般的心理负担就会减轻甚至消失,若家人体贴到位,孕妇甚至会比以往更加开朗幸福。若长时间心理负担过重,就需要家人花更多的时间陪她散散步,在可能的情况下到处走走,转移注意力,并在交流过程中有针对性地开导她,心理压力就会逐渐缓解。

了解孕妇的这些心理特征,护理人员就可以有针对性地采取措施帮助孕妇减轻心理压力。如多与孕妇谈心、与孕妇的家人沟通等等。

(二)孕妇生活起居护理

1. 居室环境

孕妇在家休息的时间较多,尤其是怀孕晚期大部分时间在室内休息,因此保持舒适的居室环境对孕妇的身心健康很重要。居室护理要求如下:

(1)清洁卫生。每天用扫把和抹布打扫房间地板、墙面及家具,保持干净。要特别防止地板湿滑,打扫房间时要让孕妇离开,避免孕妇吸入灰尘或滑倒。

(2)摆放整洁。随时整理房间,保持室内整洁。房间内不要摆放花草,以免引起孕妇过敏;某些物品的颜色孕妇不喜欢,也应当收藏起来。

(3)空气清新。每天早晚开窗通风,保持空气清新。冬天应在孕妇离开房间后再开窗,避免冷风直接吹到孕妇。

（4）温度适宜。注意调节室内温度,避免孕妇过热或受凉感冒。夏天多开门窗通风,太热时可用空调降温,但要注意不要把温度调得太低,风力也不宜过大;冬天最好使用空调或电暖器取暖,若用煤炉子取暖,要注意房间通风,以防止煤气中毒。

床上使用电热毯取暖时,最好是等电热毯烧热后,拔下插头再入睡,避免电流对孕妇产生不良影响。

（5）减少辐射。现在家用电器已十分普遍,但不少电器在使用时会产生电磁辐射,长期接触有可能对胎儿的发育不利,如电视、电脑、手机、微波炉、电吹风等。

为保证安全,使用微波炉时孕妇应距离 1 米以上;看电视时应该距离 2 米以上,且时间不宜过长;尽量少用电脑,若不得不用时每次应控制在半小时以内,每周接触电脑时间不超过 20 小时;手机待机时最好放在离孕妇 1 米以外而又方便取到的地方,接听电话时最好使用免提键通话;电吹风吹头时也会产生较强的电磁波,因此最好离孕妇头部远一点。

（6）远离宠物。宠物虽然可爱,但往往会携带寄生虫和病菌。如果家中有猫、狗或小鸟等宠物,应尽量避免与之接触,或将其送给别人,或暂时寄养在朋友家中。

2. 衣着护理

（1）衣着要求。孕妇的衣着要随体型的变化而变化,一般怀孕早期可以和平时一样,而到了中后期就要更换宽松的衣服,因为穿紧身衣往往会阻碍血液循环。

孕妇的内衣要用纯棉制品,柔软、吸汗;外衣要求方便穿戴,厚薄合适,夏天可选用真丝织品,凉爽舒适;袜子也要宽松,长筒的尼龙袜或弹力袜会阻碍下肢静脉回流到心脏,加重下肢水肿;鞋子要求平跟、轻便、防滑,稍宽松一点,室内和晴天最好穿柔和的布鞋,不仅吸汗,而且透气性较好。孕妇的乳罩大小也要随乳房的变化而改变,尽可能宽松一点,而且要用纯棉的。

化纤制品易造成皮肤瘙痒及过敏,不适宜孕妇穿戴。刚买来的新衣服也应先清洗一次,除去加工过程中残存的化学物质后再穿。

(2)洗涤衣物。孕妇的外衣可以使用洗衣机和普通洗洁剂,但内衣要单独用盆清洗,并使用中性肥皂,避免与其他衣物混合污染及洗衣粉残留物对孕妇皮肤造成伤害。内衣内裤清洗后要用开水烫几分钟消毒,还应在太阳下暴晒。

(3)衣物收藏。分类收藏,特别是内衣内裤要专柜收藏,避免污染,随时保持收藏柜清洁干燥。长时间不用的衣物要经常放到太阳下晒晒。

3. 运动护理

怀孕期的妇女,应当注意不可久坐、久站或久睡,适当运动不仅有助于改善血液循环、促进孕妇的身心健康和胎儿正常发育,而且还可以改善或预防便秘、痔疮等症状。运动过程中,要注意根据怀孕的时期和孕妇体质情况,采用恰当的运动方式,控制好运动的时间和强度。

(1)控制运动量。怀孕头 3 个月的流产风险较大,活动量宜小不宜大,不要长时间走路或奔跑,做事不能用力过猛;妊娠中期,胎儿着床已稳定,可适当加大运动量,进行力所能及的锻炼;妊娠后期,应再次减少运动量,切忌疲劳。

(2)采取恰当的活动方式。孕妇最好的运动方式就是散步,每天早餐和晚餐后陪同孕妇散步半小时到 1 小时,不仅锻炼身体,还可以使孕妇心情舒畅。散步时尽量到平整开阔的地方,避免滑倒或人多拥挤碰撞孕妇。上下楼梯时要牵扶孕妇的手,并让她顺着栏杆或墙壁以免摔倒。

怀孕中期的妇女根据体质情况可以做孕妇体操或游泳。做操有助于改善全身血液循环,但要注意不能过度弯腰和抬腿,避免挤压胎儿;游泳能改善心肺功能,促进孕妇的血液循环,有利于顺产,但最好到恒温游泳馆,并在专人的照看下进行,以防发生腿抽筋等不测。

无论何种运动方式,其目的都是为了增进孕妇的健康,为将来的顺产打下良好的身体基础,因此应根据具体情况选择恰当的方式,切不可强制运动。不要到人多拥挤或嘈杂的地方,避免与患病人员接触。

4. 休息和睡眠

孕妇休息时,最好坐直背靠椅,少坐低矮柔软的沙发,以防大腿过度弯曲而压迫胎儿。也不可久坐,一般每坐 1 小时应当起来适当活动一下。若怀孕后期出现下肢浮肿现象,坐下休息时适当将腿脚抬高放到凳子上,以促进血液回流。

充足的睡眠能够有利于孕妇保持良好的精力和愉快的心情,孕妇每天睡眠时间应不少于 8 小时,并且要养成睡午觉的习惯。午睡时间不宜过长,一般 1 ~ 2 小时为佳。怀孕早期以仰卧为主,而中晚期为避免胎儿压迫腹部动脉,应以左侧卧为主。下肢水肿或静脉曲张的孕妇,应将腿部适当垫高。孕妇的床不宜太软,以免翻身困难。

孕妇睡眠时,护理人员应注意关闭门窗,保持室内暖和,并保持安静,不要随便打扰孕妇。

5. 协助洗澡

常洗澡不仅可以清洁身体,还可以促进血液循环,消除疲劳,使周身感觉清爽。孕妇洗澡时护理员应先准备好孕妇衣物、浴巾及热水,若有条件可以先将洗澡间加热。洗澡过程中不要离开太远,以便随时协助孕妇。此外,还要注意以下几点:

(1)不要到公共澡堂,以免感染。

(2)采用站立淋浴方式,以免盆浴或坐浴引起感染或流产。

(3)水温不宜过高,否则易引起心跳过快和缺氧,影响胎儿发育。

(4)不宜在饭前饭后洗澡,以免引起昏厥或虚脱。

(5)选择防滑性好的拖鞋,预防摔倒。

（6）洗澡时间不能太长，一般 15 分钟为宜。

6. 其他生活护理

（1）避免孕妇受到不好的刺激，少去或不去空气污浊和嘈杂的地方，不用或少用化妆品，不要参与打麻将或赌博，冬天不要用冷水洗手，夏天不要过多吹凉风。

（2）不可随便用药，不宜使用风油精、万精油等外用药。看病要到正规医院，最好到妇产医院，并向医生表明自己怀孕的情况，以便医生有针对性地用药。

（3）高龄和高危孕妇要多听从医生的嘱咐和安排，必要时应该住院保胎。

（4）要提醒孕妇定期体检，有异常情况时要及时到医院检查。

（5）乘坐交通工具要特别注意安全，防止过度颠簸和晕车。

（6）不要长时间呆在阴暗的房间，要让孕妇适当晒晒太阳，有利于钙的吸收。

（7）不要让孕妇一个人外出，以免发生意外。

（8）临近预产期时，应协助孕妇及家人做好分娩准备，如住院分娩的用品、婴儿衣物等。

（三）孕妇饮食料理

孕妇所需的营养比平时高，也要求全面。因此，怀孕期间要做到科学饮食，保证营养充足和均衡，不可过分偏食，也不可大补过剩，同时还要注意忌食一些对胎儿发育不利的食物和饮料。

1. 孕妇的饮食料理要求

（1）合理配菜，避免偏食。孕妇一般不需要特别的食物，只是适当补充营养即可。早餐少而精，以牛奶、鸡蛋、面条等高能量高蛋白的食物为佳；中、晚餐要搭配米饭、肉类、蔬菜、骨头汤等多种食物，可以增加肉、蛋的分量，但不可过分偏食，否则会引起维生素、矿物质缺乏和便秘等不良后果。平时则可以不定时地吃一些水果，补充糖分、维生素和矿物质。妊娠早期若呕吐强烈，食物应清淡一些,少吃多餐,并吃一些有利于缓解呕吐的水果,如柠檬等。

(2)精心加工,保证安全。孕妇的食物要保证新鲜、不变质。做凉拌生菜时,一定要在清洗干净后,再用凉开水加少许盐浸泡杀菌,菜板和刀具也要确保干净清洁。肉类加工时必须熟透,不能图口感好而半生不熟。做好的菜要避免苍蝇蚊虫污染,隔夜的剩菜不要给孕妇食用。

(3)少用作料。孕妇食物宜清淡少盐,一些作料(如八角、花椒、茴香、桂皮等)容易刺激肠胃,应当不用或少用。

2. 适合孕妇的食物

(1)富含蛋白质的食物:瘦肉、鱼、蛋、乳类以及各种豆制品等。

(2)高能量的食物:米饭、面食、各种食用油及水果等。

(3)维生素及矿物质含量高的食物:蔬菜、水果等。

3. 饮食禁忌

(1)不宜喝浓茶、浓咖啡及可乐等含有神经刺激物的饮料,少喝富含人工色素的饮料和冷饮,禁止饮酒。

(2)少吃或不吃油炸食品、膨化食品、罐头食品等可能含有有害物质或添加剂的食物。

(3)少吃腌菜、泡菜、咸鱼等含盐量高的食物。

(4)不要随便服用人参、鹿茸等大补品,否则有可能导致内火重而发生流产。

(5)不吃或少吃桂圆和山楂,因为桂圆容易燥热,山楂能刺激子宫收缩。

(6)有的妇女对海产品及辛辣食物过敏,要谨慎食用。

(四)异常情况处理

1. 妊娠剧吐

妊娠前3个月出现呕吐,只要不影响进食就是正常的。但如果孕妇出现呕吐频繁剧烈,不能进食,发冷出汗,脉搏加快,甚至出现四肢痉挛,就应立即去医院诊治。

2. 见红与腹痛

若出现孕妇阴道出血,腹部剧痛,就很有可能会发生流产。这时应先扶孕妇就近坐下休息,并立即通知家人,拨打120急救电话等待救援。不要在没有把握的情况下背抬孕妇,以免导致病情加重。

二、产妇护理

产妇分娩后,身体非常虚弱。产后的6～8周,是孕妇恢复健康最关键的时期,也就是民间所说的"月子",医学上叫产褥期。

产褥期的妇女要经历一系列的生理康复过程,如子宫复旧、产道伤口愈合等。产后2～3天,产妇会因子宫收缩产生腹部阵痛,4～6周后,子宫可以恢复到原来的大小;同时,子宫内的残留物也会随同血液和粘液排出(医学上称之为"恶露"),刚开始时是鲜红色的,以后变成暗红色,最后为淡黄色或乳白色,并且数量逐渐减少,一般到产后3周左右即可排完。此外,许多产妇会在分娩后一段时间内出现小便困难。

产褥期护理的主要任务就是做好孕妇卫生保健和饮食料理工作。

(一)卫生保健护理

1. 分娩住院期间的护理

住院期间,孕妇和婴儿的护理由孕妇负责,家庭护理人员只需做一些协助工作,如协助孕妇喂奶、扶持孕妇坐卧、排便、换卫生垫等,若无特殊情况,应守候在孕妇身边,一有异常就要及时报告医生或护士。

孕妇一般分娩4小时后即可开始哺乳,以后大约每隔2小时喂1次。可将婴儿抱到产妇身边,让产妇侧卧喂乳,哺乳结束后将婴儿抱起,轻拍背部以防回奶。

自然分娩的产妇,在分娩后几小时应及时扶起孕妇排尿,若排尿困难,应请医生处理。

2. 家庭护理

产妇出院后,在家中要注意保暖,保持个人卫生。孕妇的房间要随时保持干净,温度合适,空气清新。同时,还要注意以下几个方面的工作。

(1)产后1周内不宜洗头洗澡,只能用热毛巾擦身。1周以后若身体状态良好,可以洗淋浴,不能盆浴,以免引起感染,洗后要立即吹干头发,避免受凉。

(2)产后3周内有恶露排出,因此要提醒产妇经常更换护垫,并用温开水或从医院开的消毒液兑温水清洗下身,保持清洁。

(3)经常用干净毛巾为产妇热敷腹部,促进产后淤血排出,减轻腹痛。

(4)多饮水,勤排尿。若产妇排尿困难,可用热水袋热敷产妇下腹部,或打开水龙头用流水声刺激产妇排尿。

(5)提醒产妇注意乳房保养。保持良好的喂奶方式,喂奶前先伸展乳头,使婴儿容易含住,喂奶时要两侧乳房交替喂,喂奶结束时用奶涂抹乳头。若乳头裂伤,可暂停喂奶,将奶挤出用汤勺或奶瓶喂养。

(6)避免乱用药物。很多药物能进入母乳,喂奶后会对婴儿产生毒副作用。若产妇生病必须请医生诊治并合理选用药物,服药期间最好暂停哺乳,将奶挤出丢掉,改喂配方奶粉,待停止服药后再哺乳。

(7)提醒产妇应该像平时一样用温水刷牙、洗脸、洗脚、梳头,饭前便后洗手,喂奶前洗手。那种认为"月子"里不刷牙的做法是不科学的。但要注意不要沾冷水,避免受凉。

(8)若产妇出现恶露颜色异常,有臭味,或出现腹部异常疼痛,应及时护送医院就诊。

（二）饮食料理

1. 产妇饮食的基本要求

对于产妇的饮食,各个地方的风俗有所不同,有的是多年来积累下来的经验,有的则只是一种迷信。因此,对不同地方的饮食习惯要加以甄别,合理饮食,以免导致产后营养不良,影响产妇及婴儿的健康,或导致营养严重过剩而发胖。

一般来说,产后几天,产妇肠胃功能较弱,但又急需营养,因此要吃易于消化吸收且营养较高的食物,如鸡汤面条等,少吃多餐;等肠胃功能恢复后,就应当合理搭配,可以多吃瘦肉、豆制品、鱼、蛋、蔬菜和含糖量相对较低的水果等,既能满足身体对蛋白质、矿物质、维生素的需要,又能防止身体发胖。若饮食太油腻,容易导致母乳含油脂过高而引起婴儿腹泻;而蔬菜水果等绿色食品吃得太少,容易引起食欲下降、便秘等不良后果。

产妇要多补铁和钙,以弥补分娩失血以及喂奶的需要。红肉、动物内脏、黑芝麻、花生、红豆、黑豆、核桃、红枣等食物有利于补铁,每天喝两杯牛奶、多喝骨头汤有利于补钙。

产妇的食物要求清淡,少放盐,保持原味,不要加辣椒、胡椒粉、味精、葱姜蒜等辛辣食品和调料,以防止对产妇和婴儿产生刺激。饭菜都要现做现吃,隔夜或存放时间较长的食物容易变味变质,不要给产妇食用。冬天吃水果时,先放到热水中稍加热后去皮再吃,以避免对牙齿造成刺激。

2. 几种有价值的营养食谱

鸡蛋:鸡蛋含有十八种氨基酸、多种维生素和矿物质,易为人体吸收,利用率高。主要做法有:煮嫩鸡蛋、蒸蛋羹、蛋花汤。产妇每天吃 3～5 个为宜,否则蛋白质摄入过多,会增加肝脏及肾脏的负担,反而对健康不利。

炖鸡:用金针菇、鲜香菇与鸡肉一起炖汤,味道佳、营养全,适合催乳。

鲫鱼汤：鲫鱼加水熬浓汤,不放盐,去掉鱼刺后喝汤,可以发奶。

炖猪蹄：猪蹄与大豆一起炖汤,适合发奶。

麻油猪肝：将3两重的猪肝洗净切成片,用黑麻油爆炒后加高汤煮开。具有化淤、促进恶露代谢的功效。

猪肝粥：将莲子3克和苡仁米20克用清水泡2个小时,山药和猪肝各30克洗净,切成丁,然后与15克芡一同放入锅中,倒入清水用大火煮开,然后转小火继续煮15分钟。具有促进新陈代谢、帮助排泄和睡眠的功效。

红糖水：红糖含有多种矿物质和维生素,泡水喝有利于活血化瘀。

3. 饮食禁忌

(1)产后忌冷饮或凉食,一些性寒的水果,如西瓜、梨等不宜冷吃。

(2)产妇不宜喝茶,以免影响肠道对铁的吸收。

(3)忌食麦乳精等含麦芽糖的食物,以防引起回奶甚至断奶。

三、新生儿护理

我国实行计划生育政策以来,多数家庭都只能生育一个孩子。家中添了小宝宝,自然是一件让一家人都十分兴奋和幸福的事。当前,大部分年轻家庭中夫妻双方都是上世纪80年代以来出生的独生子女,由于生活条件的改善,他们对生儿育女有了更高的要求。因此,从事新生儿护理的家政服务员,不仅要知道一些新生儿的基本知识,更要熟悉护理的技能技巧,尽心尽力地帮助他们呵护好小宝宝。

(一)新生儿及其特点

1. 生理特点

新生儿是指从出生起到第28天内的这段时期,又称初生婴儿。正常分娩的新生儿一般体重 2.5～4 千克，身长 50 厘米左右，头顶囟门（天灵盖）开放而平坦，呈菱形。新生儿呼吸浅而快，一般每分钟 40 次，脉搏每分钟 120～140 次，体温调节能力较差，手脚容易发冷或发青紫。

初生儿多数在 24 小时内开始排胎粪，呈墨绿色，一般 2～3 天排完。3 天后排出的就是乳儿便。母乳喂养的婴儿大便为金黄色软膏样，牛奶喂养的婴儿大便则呈淡黄色，较干。出生后头几天排尿较少，每天 4～5 次，并含有大量尿酸盐，偏红色，1 周后排尿次数明显增加，可达到 20～30 次，且容易尿床，女婴尿道易受粪便污染造成尿路感染，男婴常有包茎积垢，可引起细菌感染，所以婴儿应勤洗保持清洁。

新生儿皮肤薄嫩，皮下脂肪少，汗腺发育不全，皮肤对体温的调节功能差。婴儿出生后 2～3 天可出现皮肤和粘膜发黄，但一般在出生 1 周后自行消退。

新生儿生后一周，由于体内还残留了一些母亲体内的激素，因此不管是男婴还是女婴，都会出现乳房增大，甚至分泌少量乳汁的现象，这是正常的，不要人为挤压乳房，一般经过 2 周后就会自行消除。

女性新生儿出生 7 天左右，从母亲体内获得的雌激素开始消失，会引起阴道有少量血液流出，医学上称之为假月经，有的还会出现假白带，这些是正常现象，一般持续时间很短，几天后就自行消失，不用做任何处理。

2. 心理特点

新生儿有许多本能是生来就有的，如碰到乳头会吸吮吞咽、碰到手心会握紧拳头等等。随后就会对越来越多的外界条件刺激发生反应，并逐步形成各种感觉和行为能力，产生心理活动和各种情绪反应。

新生儿出生后就有感觉。刚出生的婴儿听到响声时会吸引他的注意,但他还不能分辨是什么声音,而2周后就能分辨出母亲的声音了。视力也是一样,刚出生时看东西是模糊的,2周后能短暂地盯着很近的东西看,满月时就喜欢看光亮和鲜艳的物体。嗅觉和味觉也是逐渐增强的,而皮肤的感觉则是刚出生时对环境温度和触碰很敏感,过冷过热都会哭闹。

新生儿出生后只会乱动,但不能改变身体的位置,也没有力量抬头,仅能向左右转动。而情感方面,饿了或感觉不舒服就会哭闹。出生后1个月内的哭闹是最平凡的,因为他刚来到这个世界,还不太适应,需要大人特别是母亲的爱抚,同时也是为了增强呼吸和锻炼声音。但他也会笑,刚出生后的几天内会出现本能的笑,满月时就会因母亲的爱抚刺激而发出有意的笑声。

(二)新生儿日常生活护理

1. 以正确的姿势抱新生儿

新生儿身体柔软,颈部还不能完全托起头部。因此,抱婴儿时,一定要让其头部和背部都有所依靠,改变方位时应先托住头部再转动身体,保证婴儿不被扭伤。从床上抱起时,动作要轻柔;抱着婴儿时,不要随便转来转去,也不要抱着让婴儿入睡。若婴儿入睡,应将其放到床上,不要让他形成抱着睡觉的习惯。

2. 房间环境卫生

(1)开窗通风。新生儿的房间要经常开窗通风,一般白天可以每2~3小时开窗通风1次,以保持空气清新。但新生儿及产妇的免疫力较弱,因此开窗不要过大,并将门关上,只要能透风换气就行,以免风大和室内温度突然变化引起感冒。还要提醒家庭成员不能在新生儿房间及其附近吸烟。

(2)保持室内温度适宜并相对稳定。保持室内温度适宜的主要办法是使用空调及电暖器,使用空调时可以将温度调整到25度左右,并调节风向和风力,使其不正对新生儿及产妇,并保持风力温和。使用电暖器时应根据房间大小控制功率,并注意随时检查插头插座是否发烫,确保安全。室内及房间门口不能使用敞口煤炉加热,使用有烟管的煤炉也应远离新生儿房间,并保持通风,以免发生一氧化碳中毒。

(3)室内要保持一定光线。如果房间窗帘为深色的,应适当拉开让自然光透进室内并不刺眼。

(4)尽量保持安静以免影响母婴休息。母婴休息时,尽量不要打扰。亲友来看望时,尽量缩短时间,以减少对房间环境的污染。患病人员不能看望产妇及新生儿,以免发生传染。

(5)保持房间清洁。每天至少用湿润拖把打扫地板 1 次,并用湿抹布擦洗窗台及家具,不要用鸡毛掸等带毛的用具,以免绒毛飞扬污染空气。

3. 换洗衣服

(1)新生儿衣物准备和储藏。新生儿皮肤娇嫩,因此衣服要求纯棉制品,柔软、宽松、无纽扣,对皮肤无刺激,并方便穿戴。毛线衣和化纤对皮肤有刺激,不能给婴儿用。内衣要选用绒棉或纱布的斜襟衣或柔软的棉毛衫,外衣选用薄的棉布单衣(夏天)或棉背心、棉衣(冬天);裤子可以选用开裆裤或尿裤,裤腰要松。衣裤要准备三套以上,内衣内裤更要多备些,以方便换洗。

另外,还要准备包裹新生儿用的毯子,单层的和夹棉的各 2 件以上,婴儿手套、脚套(袜子)各 2~3 套。

新买来的衣物先用热水清洗一次晒干后再用,以增加柔软性并达到消毒的目的。衣服必须保持干净干燥,要常放在太阳下晒。新生儿衣服要用专柜收藏,不要与大人的衣物混放,储藏柜要随时保持清洁和干燥,不要放樟脑丸,以免对新生儿皮肤造成刺激。

(2)给新生儿穿(换)衣。给婴儿穿(换)衣时,要关闭门窗,保持房间温暖,避免吹风。换衣服时,应先将衣服、裤子、尿片准备好,并稍微加热使其接近婴儿体温,然后先换尿片和裤子,再换衣服。衣物的厚薄根据季节和室温确定,新生儿一般都在室内,一天的温差也不大,因此穿一件内衣和夹层外衣即可,夏天温度较高时可以只穿一件单衣,而冬天就要加棉衣。

给婴儿穿衣时,动作要轻柔,先将一只衣袖套进一只手,然后用手伸进另一只衣袖,将婴儿另一只手拉进衣袖,然后再系上带子,注意系带不能太紧,以免对婴儿造成挤压。给婴儿穿裤子时,将两只脚套进裤管后系上裤带即可。婴儿的衣服较长,因此也可以不穿裤子,只兜上尿布,再用柔软的纱布垫上,然后用棉布毯子包上。包裹新生儿有利于保暖,抱起来也方便,但要注意不能包得太紧,婴儿的双手也要放在外面。如果包得太紧,不仅透气性差,容易引起湿疹,而且会对婴儿的发育不利。

(3)洗涤衣服。新生儿的衣服要勤换勤洗,一般每天换洗一次,若因吐奶或大小便弄脏弄湿,要立即换洗。衣服要用专用盆手洗,不要与大人的衣服混合,也不要用洗衣机洗,避免污染。洗涤时使用婴儿洗衣液或中性肥皂,手搓几分钟,去掉污渍后,用清水清洗3~5遍,扭干后晾晒,不要使用洗衣粉等含有皮肤刺激物的洗洁剂。

4. 换洗尿布

(1)尿布的选择。目前市场上现成的尿布很多,如新生儿专用纸尿裤、纱布尿片、尿不湿等,使用非常方便,可以到市场上选购有合格标志的产品。若自行缝制,应选择柔软吸水性强的棉布,也可以用旧棉被单、棉毛衫做尿布,尿布可用4层棉布做成宽20厘米,长80厘米的长方形或80厘米见方的布折成三角形,长方形尿布操作比较简便,但大便易外漏,三角形尿布包裹比较紧,大便不会外漏。新做成的尿布使用前应使用热水烫洗消毒。

婴儿尿多,因此要多备一些尿布。棉布或纱布尿片柔软,渗透性好,但需要随换随洗。一次性尿片使用方便,但柔软性和渗透性相对较差,夜间长时间不换尿布时不宜使用一次性尿片。

另外,可以准备一些隔尿垫巾,铺在布尿片上使用,宝宝便后比较容易清洗布尿片。为防止床或婴儿车被尿片弄脏,还应准备一些隔尿垫。隔尿垫上层为纯棉布料,下层为 PVC 防水塑料。

(2)换洗尿片。新生儿大小便较多,尿湿了会哭,因此应随时检查,发现后先轻轻提起臀部,取下尿布,用尿布轻轻擦掉屁股上的大便,然后用温水给婴儿清洗臀部,小便可用纱布手巾在温水中清洗扭干后轻轻擦洗,然后抹上薄薄的一层婴儿爽身粉,再从臀部背后往前包上清洁尿布,系上带子或松紧带。换尿布时注意动作轻柔,避免指甲划伤或擦伤皮肤,并注意松紧带不能太紧,尿布不要覆盖到脐部,以免尿湿脐部。

脏尿布换下后要及时用中性肥皂或婴儿洗衣液清洗,并在太阳下暴晒消毒再使用。若不能暴晒,应在使用 2 ~ 3 次后用开水烫洗消毒。干净的尿布要放在清洁干净的地方储存,若不小心掉在地上,应重洗后再用,避免引起婴儿皮肤感染。

5. 洗头洗澡

一般新生儿洗头洗澡同时进行,1 ~ 2 天洗 1 次,最好天天洗。洗澡应安排在喂奶前 1 ~ 2 小时,喂奶后洗澡容易引起吐奶。新生儿脐带未脱落时还要注意不打湿脐部,以免造成感染。洗澡前大人必须剪短指甲,洗净双手。

(1)准备用具及用品。为新生儿洗头洗澡的用具包括:专用浴盆、婴儿浴巾、软毛巾、替换衣服、尿布、爽身粉、婴儿专用洗澡液或婴儿皂、棉签、酒精、放脏衣服的盆、小凳子等。

(2)调整室温。为婴儿洗澡前,应关好窗户,不能有风,然后使用空调或电暖器加热空气使室温达到 25 ~ 28℃。若用煤炉子取暖要注意排煤气,以防中毒。

(3)准备热水。

洗澡水温度应一直保持在 38 ~ 40℃,试水时手背手心感觉稍热而又不烫。准备洗澡水时先放冷水再放热水,以防烫伤。若使用电热水器,应在水温达到指定温度后将热水直接放入洗澡盆中。

同时,还要准备一盆热水以备清洁时使用。

(4)洗脸洗头。待室内暖和后,脱掉新生儿的衣裤,用干浴巾裹好身上,坐在洗澡盆旁边的小凳上或蹲在洗澡盆旁,左手托住新生儿头颈部,左前臂撑住新生儿后背,两腿托住臀部,左手拇指和中指轻轻从头后朝前按住新生儿两只耳朵的外耳廓,使外耳道封闭,防止水流入耳道。右手用毛巾沾温水捏干后青青擦婴儿的眼、鼻、嘴和脸,然后用毛巾将头发洗湿,再用婴儿皂轻抹头部,并用手掌轻轻按摩,再用毛巾沾清水清洗干净,用干毛巾擦干水分。

洗头时注意不能用指甲抓洗,头上未自行脱落的皮脂保护膜看上去很脏,但不能强行用手剥下,以免伤到头部皮肤。耳道内有绒毛和分泌物,可以保护内耳,因此不要掏耳道。若洗澡水进入耳朵内,应让耳朝下,让水流出,用棉球在耳边吸水;若耳内有其他赃物,应找医生诊治。鼻孔阻塞时不能用指甲去挖,只可轻轻捏鼻子两边,用棉球帮助吸出。

(5)洗身。先解开裹在宝宝上半身的毛巾,用毛巾蘸水和少量洗澡液依次清洗颈部、腋下、前胸、后背、双臂和双手,再用清水洗净后擦干。然后用浴巾裹住上半身,解开下半身的浴巾,让新生儿卧在大人的左手臂上,托住新生儿的大腿和腹部,头靠近成人的左胸前,用右手从前面向后清洗会阴部,然后再清洗腹股沟处、臀部、双腿和双脚,将婴儿阴部积垢冲洗干净,洗完后用毛巾擦干,最后给新生儿垫尿布、穿衣,用包被包裹起来。

洗完澡后,夏天可用棉花沾上少许爽身粉或用手涂上薄薄一层爽身粉,轻轻地涂在新生儿的皮肤上,但皱褶处和阴部不要涂,也不可直接将爽身粉撒在新生儿的身上,以免新生儿吸入鼻孔中或散落在眼睛中。冬天可使用婴儿润肤露滋润宝宝肌肤,减低表面摩擦,但用量不宜过多。

脐带未脱落的新生儿洗澡时应用毛巾护住脐部,不能打湿脐部,更不可将婴儿直接放入水中。若脐带出现红肿或分泌物,应揩去渗出物后用棉球蘸75%酒精清洗消毒。

6. 剪指甲

新生儿指甲长得较快,长指甲往往会划伤皮肤,所以要及时修剪。由于新生儿的手太细弱,平时经常握紧小拳头,因此可在新生儿睡眠时用指甲刀轻轻修剪,注意不可修剪太深,以免伤到指头。

7. 照顾睡眠

新生儿的睡眠较多,基本上除了吃奶、洗澡、换尿布外都在睡觉。正确照顾新生儿睡眠,不仅有利于新生儿发育,还可减轻家人负担。

"月子"里的婴儿一般吃饱了就睡。正确的做法是购买一张专门的婴儿床,使其单独自然入睡。婴儿床一般选用木质的,可固定也可是活动的摇床,床的四周用柔软的棉料围住,以保护宝宝的安全。若在夏天有蚊虫,还要加挂小蚊帐,而不能使用驱蚊烟和杀虫剂。

新生儿平时都是用小毯子或小被子包裹的,如果房间暖和,睡觉时可以不另外加被窝,也不用枕头。因为新生儿的脊柱是直的,平躺时,其背和后脑勺在同一平面上,不会造成肌肉呈紧绷状态而导致落枕。婴儿睡眠时应保持安静,关掉灯,拉上窗帘。

不要使用摇动或恐吓的方式使婴儿入睡,也不要抱着入睡,以免养成不好的睡眠习惯。

婴儿要3个月时才开始使用枕头,这时如果穿得不厚,可将柔软的全棉毛巾对折给她当枕头;如果是冬季穿了棉衣,就应将头部相应垫高,枕头高度以3~4厘米为宜。家长还要根据宝宝的发育状况,逐渐调整枕头的高度。总的来说,枕头应扁小,长度与宝宝的肩部同宽即可。枕芯质地要柔软、轻便,透气、吸湿性好,而过硬的枕头容易造成头颅变形。由于婴儿出汗较多,枕芯要常晒,枕套要常洗常换,保持清洁。

婴儿的床垫及被窝要经常清洗并放到太阳下暴晒,以保持干燥和消毒。

（三）新生儿喂养

母乳不仅含有各种营养物质，还含有多种维生素和抗体，这是保障新生儿营养和免疫力的关键。因此，母乳是婴儿的最好食物，而且对保障新生儿健康发育十分重要。护理人员要协助产妇做好母乳喂养，促进母乳分泌，只有在母乳不足时才调制配方奶进行人工喂养。

1. 协助产妇哺乳

正确哺乳，不仅能保证新生儿吃好吃饱，还能促进产妇增加乳汁分泌。那么，护理员如何帮助产妇哺乳呢？

首先，为产妇做好哺乳前的准备。用肥皂洗净双手，将干净的柔软纱布或毛巾用温开水浸泡半分钟，挤干水分后擦洗产妇奶头，挤掉几滴奶，然后再喂。

其次，要帮助产妇勤喂，并形成良好的喂养习惯。有的产妇产后身体虚弱，护理人员就要为产妇哺乳提供有利条件，如扶她坐立、为她找来垫脚和保暖的工具、及时擦干净婴儿吐的奶等等，让她感觉到喂奶轻松，勤喂多喂，特别是每次喂奶时左右轮换，并让婴儿吸干乳汁，若婴儿吃饱后仍有剩余，就应该挤掉，以刺激乳汁分泌。

第三，哺乳结束后，将婴儿竖直抱起，让婴儿靠在自己肩膀上，轻轻拍背部，使婴儿打嗝排出胃内空气。

婴儿吃饱后，感觉舒适就会睡觉，这时护理人员就可以清洗用过的毛巾等用具。

2. 人工喂养

在母乳充足的情况下，若给婴儿用奶瓶喂配方奶，就有可能让婴儿感觉橡皮奶头吸奶容易，并产生依赖，导致拒绝母乳喂养。因此，母乳充足时不要给婴儿人工喂奶。若产妇母乳较少，不能满足婴儿需要时，每次人工喂奶都要在母乳被吸空后进行。若产妇无奶，或因病不能哺乳，可以寻找奶有剩余的产妇哺乳，再进行人工喂养。

人工喂养时，有两点特别要注意。一是用具应随时清洗消毒，二是要掌握好喂养的时间和用量。

（1）准备奶具。人工哺乳的用具主要有奶瓶、奶嘴、量杯、小勺、纱布围兜、小毛刷等。

量杯和小勺一般在购买配方奶粉时同时配送，也可以单独购买有刻度的塑料或玻璃量杯及桶形小勺备用。围兜使用多层纱布缝制，也可以用纱布口罩代替。

奶瓶与瓶盖、橡皮奶嘴、罩子是配套的，并且密封性好。奶瓶有玻璃瓶和塑料瓶两种。玻璃瓶透明，容易洗刷并看清是否洗干净，水煮消毒后不会变形，也不会分解产生其他物质，但容易打碎；塑料奶瓶的透明度不高，不便于分辨是否洗干净，高温蒸煮时间过长容易变形，但方便携带，不易破碎。因此，两种都应该准备，在家中使用玻璃奶瓶，外出时使用塑料奶瓶。

橡皮奶头是柔软的，其柔韧性接近母亲奶头。若原装橡皮奶嘴无孔，可用消毒后的缝衣针在奶嘴顶端刺 3 ~ 4 个小孔，孔的大小以奶瓶倒过来时奶水能自然滴下为宜（约 1 秒钟 1 滴），不能太大或太小。橡皮奶头应多买几个备用，一般一个奶头使用几天后就应更换。

（2）清洗消毒奶具。奶具每次使用前一定要清洗消毒。奶具清洗消毒不要使用洗涤剂和酒精，只能用清水洗和高温消毒。奶瓶、杯子等耐高温的用具可放在锅内加水煮沸 5 分钟消毒，而奶头等橡皮用具用烧开后的热水浸泡半分钟即可。喂奶结束后剩余的奶要倒掉，将奶瓶奶嘴用温水洗干净，然后用热开水漂洗，待滴干水分后再存放。若白天连续使用同一个奶瓶，中间间隔时间不长，下次使用时可以不用水煮，而用温瓶中的热开水漂洗 2 ~ 3 次后再使用，但隔夜后的奶瓶要水煮消毒。

（3）选择奶制品。新生儿消化力不强，人工喂养时必须选择专用奶制品，比如选用新生儿配方奶粉。因为专用奶制品仿照母乳的成分配置了各种新生儿所需要的营养，而普通鲜奶、酸奶、纯奶粉、豆浆、糖水等营养不全面，而且不易被新生儿消化洗手，容易导致新生儿腹泻、拒食，甚至对身体造成伤害。此外，不同的配方奶粉口味略有不同，婴儿一旦喜欢某种配方奶，就不要随意更换，否则会产生厌食。

选购新生儿配方奶粉时，要看清它的配方，适合什么阶段喂养，以及生产日期和注意事项等，若食用后出现腹泻、便秘等，应到医院检查后在医生指导下更换奶粉。若是早产婴儿、患病婴儿，必须遵照医生的要求购买和使用奶制品。

（4）喂奶。奶粉要现冲现喂，冲调奶粉时要按照封袋上的使用说明书，用专用量勺取适量的奶粉放到奶瓶中，按按说明书上奶粉和水的配置比例用温开水冲调，不可太浓或太淡。喂养时要特别注意温度合适，可用手心感觉奶瓶或滴几滴到口中试试是否烫嘴。奶粉不要冲得太多，以一次吃完为宜，若有少量剩余应倒掉，并及时用开水冲洗奶瓶。

每天的喂奶量与新生儿的体重有关，婴儿需要就喂，并让他吃饱，若不够时可以再冲调一些。一般情况下喂养时间可掌握在每2小时左右喂一次。喂奶时应将新生儿抱起放在腿上，使其头部靠在左手臂上，带上围兜，将奶嘴轻轻放入婴儿口中，不能插得太深。喂奶过程中不要对婴儿逗笑，并每隔几分钟拿出奶嘴停顿一下，避免呛着或引起呕吐。喂奶结束后要将婴儿直立抱起，并轻拍背部使其排出吸入胃里的气体，不要立即将婴儿放到床上，以免吐奶。

配方奶本身就添加了新生儿所需的各种营养，所以喂养时一般不需要添加维生素、钙等其他物质，但如果婴儿出现生长缓慢、哭闹异常等情况时，应到医院诊断，并在医生的指导下适量添加鱼肝油、维生素等物质。

（四）常见异常情况应对

1. 皮肤发黄

一般婴儿出生后2～3天，会出现皮肤发黄的现象，这是由于肝脏的酶活力不足造成的,属于正常现象,因此称为新生儿黄疸。一般持续 7～10 天后自行消失,而且对身体和精神都没什么影响,不用担心。但如果黄疸出现得早,而且持续时间长,或者逐渐加重,就有可能是疾病,要送医院诊治。

2. 头部血肿

有的新生儿头顶两侧会会肿包,若不是机械损伤,则很可能是由于婴儿在出生时受产道压迫头骨使血管受损出血导致的,一般会在半年内自行消失。若肿块较大,应到医院检查,不可自行处理。

3. 吐奶与溢奶

新生儿的胃较小,如果喂奶太急太多,吸入空气,以及过分摇动等,就会出现乳汁返流,嘴角有奶溢出甚至吐奶,这是正常现象。只要正确喂奶,避免吞咽太急,喂奶结束后将婴儿抱起靠在大人肩上,轻拍背部即可缓解。

如果新生儿吐奶量大,持续时间较长,并且哭闹,则有可能是疾病引起的,如感冒、消化不良等,就必须及时请医生诊治。

4. 边吃奶边哭

新生儿吃奶时往往比较安静和满足,若边吃边哭,应该首先判断是不是奶水不够或喂奶姿势不对,造成孩子吸吮困难。如果是人工喂养,检查一下奶嘴是否堵塞,牛奶温度是否合适,孩子不饿时强制喂奶也会引起哭闹。发现原因后再进行相应的处理。若新生儿精神不佳,爱哭吵无食欲,也可能是口腔受损疼痛引起的,应该到医院诊治。

5. 大便异常

(1)便秘。新生儿胃肠发育不完善,排便也不是太规律,且颜色和形状都不固定,吃牛奶的新生儿大便少于母乳喂养,大便也相对干燥发白,形状较固定。只要吃奶正常、体重增加,1 天 2～3 次大便或 2 天 1 次大便都属正常。但如果新生儿平时 1 天排便几次,但突然 2 天不排便,排便困难,大便较硬,甚至有可能把肛门撑破,并表现出吃奶差、易哭闹、腹胀等现象,就很有可能发生了便秘。

新生儿出现排便困难时,可以轻轻按摩新生儿腹部,也可以在手指上涂些甘油,在宝宝肛门周围轻轻按摩一会儿或用棉球浸油脂插入肛门,保持2～3分钟,以帮助排便。母乳喂养的婴儿,可以适当喂点白糖水或将2～3克麦芽精溶在20毫升的开水中喂婴儿,可缓解便秘。

若便秘2天以上得不到缓解,应到医院诊治,不要给新生儿乱服药。

(2)腹泻。腹泻表现为新生儿大便次数异常增多,粪便稀薄或呈现水样,甚至含脂肪或带脓血,并常常伴有发热、厌食、吐奶、精神萎靡、不安等症状。其原因可能是喂养不当、消化不良,如奶水太浓、量过大、糖太多等,也可能是吃了变质或被污染的牛奶引起感染,还有的新生儿是由于对牛奶过敏引起的。通过大便颜色和气味可以大致分别原因:大便有臭鸡蛋味通常是蛋白质消化不良所致,多泡沫、有酸臭味通常是糖分过多引起的,大便发绿有可能是肚子受凉、肠蠕动快导致,而大便呈蛋花汤样,多水分,含粘液、脓血则多为感染所致。由于腹泻可很快引起脱水、中毒等严重后果,因此要及时送医院诊治。

预防腹泻首先要把住病从口入这一关,进食前用具一定要清洗消毒,大人接触新生儿前一定要洗手,母亲喂奶前要用温水洗净乳房。

新生儿发生腹泻后要及时冲洗臀部,洗后在肛门周围和臀部涂上护臀霜、植物油或鞣酸软膏,以防尿布疹的发生;尿布也要及时洗净并煮沸消毒,防止重复感染。

6. 上呼吸道感染与肺炎症状

新生儿抵抗力较弱,除了注意室内卫生与保暖外,还要注意大人感冒后应戴口罩,并尽量减少与新生儿接触。

新生儿若出现鼻塞、咳嗽、发热、精神不振、惊厥、嗜睡、呛奶、不哭、口吐细白泡沫、呼吸浅,嘴唇或手足青紫等症状,就有可能感染了较重的疾病。若安静状态下每分钟的呼吸次数大于或等于60次,吸气时可见到胸壁下端明显向内凹陷,很有可能是较重的肺炎,必须立即送医院诊治。

7. 湿疹

湿疹是一种过敏症状,表现为皮肤红斑、丘疹、疱疹、渗液、结痂等,常见于面部,特别是眉毛区。出现此症状时应看医生,不可乱涂药。

预防湿疹主要是常给新生儿洗脸洗澡,保持皮肤清洁干爽,出汗后要及时擦干。此外还要避免新生儿接触动物毛、尼龙等对皮肤有刺激的物质。

8. 阴囊水肿

男婴儿在出生后半个月或一个月时,有的一侧的睾丸肿起,表皮颜色没有变化,触摸也不痛,渐渐变大,到一个月或一个半月时大都比另一侧的睾丸大两三倍,这就是"阴囊水肿"。

阴囊水肿是由于睾丸外层积水所致,是常见的,过 2~3 个月就会慢慢消失,因此不要盲目采取措施。若一年后还不消失时,可到医院进行手术治疗。

9. 皮肤损伤

婴儿的手脚喜欢活动,若手指抓伤皮肤,可以用消毒棉签沾一点医用酒精轻轻涂抹消毒即可。若被刀子划伤,或被猫狗等动物抓伤或咬伤,就要立即送医院诊治,及时打预防针或疫苗,不可拖延。出血严重的,必须先用消毒棉球压住伤口止血,再送医院诊治。

第九章　婴幼儿看护

　　婴幼儿时期包括婴儿期和幼儿期。婴儿是指出生 28 天后到满 1 年的时期,幼儿是指满 1 周岁到满 3 周岁的时期。婴幼儿是人的一生中发育最迅速的时期,对周围的事物充满好奇,同时又缺乏自我控制能力,因此特别需要大人的看护。

　　随着现代家庭物质文化生活水平的不断提高,更多的家庭越来越重视婴幼儿的健康发育和早期教育。这些家庭聘用婴幼儿看护人员的目的,已不仅仅限于简单的"看管",而是要求做到在看管的过程中通过适当的方法能够增进婴幼儿的健康发育,提高孩子的体力和智力水平。因此,看护人员必须了解婴幼儿的身心特点,掌握一些必要的看护技能和技巧。

一、婴儿护理

(一)婴儿的发育特点

1. 身体发育

　　到 1 周岁,体重达到出生时的 3 倍,身长是 1.5 倍,多数婴儿囟门已闭合,头围、胸围可长到 46 厘米,强壮的小儿胸围已超过头围。一般满月时婴儿的体重为 2.8 ~ 5.6 千克,1 岁时增长到 7.4 ~ 12.4 千克;身高满月时 49 ~ 59.5 厘米,1 岁时可达到 69 ~ 80 厘米。新生儿的脑重只有 350 克,1 岁时增至 950 克左右,植物神经发育基本完成。体型显得头部较大,腿和胳膊既短又软,腹部突出,而臀部相对较小。

婴儿一般从 4~6 个月开始长牙齿，以后大约每月长 1 颗。长牙期间喜欢咬东西，民间俗称"磨牙"。

婴儿出生后的前 6 个月，依靠从母亲体内和乳汁中获得的抗体抵抗病菌侵入。6 个月后，先天免疫力开始减退，而后天获得性免疫又赶不上，这时的抵抗力较弱，容易发生伤风感冒、腹泻等病症。

2. 行为

3 个月之内的婴儿身体特别柔软，手脚活动频繁，常用手抓眼睛、耳朵，喜欢将手伸进口中吸吮，有东西碰到小手时，就会无意识地抓紧并往口里塞。

4~6 个月时明显变得活泼好动，俯卧时能挺胸抬头，能翻身，扶腋下双腿能站立并能上下跳跃，扶着能坐一会儿，手能主动去抓握周围够得着的东西，自己的两手掌在一起抓着玩，把手举到自己眼前看着玩，手拿东西往桌上敲，有时也会把玩具从左手倒到右手。

6 个月后，开始喜欢玩具，大人扶着可以坐、站，双脚着地时会不停地迈步，放进学步车里会到处跑，十分好动。到 1 岁时，婴儿基本上可以独立走路，但还不太稳。

3. 睡眠

婴儿的睡眠比新生儿减少，一般每天睡眠 14~18 小时，白天睡 1~2 次。

4. 情绪变化

新生儿一般只会哭，2 个月后婴儿开始出现微笑的表情，逗他能笑出声音来。5~6 个月以后会喜欢鲜艳的颜色和玩具，而且能区分生人与熟人，开始怕生。1 周岁时开始喜欢与亲人嬉闹和交往，并出现同情、妒忌等情绪，如看到母亲抱别的小孩时会哭闹。

5. 发音

婴儿 2~3 个月时就能在大人的逗笑中不由自主地发出

"咿"、"喔"的声音。6个月后会无意识地叫出类似"妈"的声音，在大人的诱导下，到10个月后就能清楚地叫"妈妈"、"爸爸"了，并且还能说一些简单的单词，如"车车"、"水"等。

（二）照顾婴儿的生活起居

1. 婴儿房间环境

（1）随时打扫房间，保持清洁。

（2）定时通风换气，保持室内空气新鲜，阳光充足，温湿度合适。

（3）随时整理房间，消除危险因素，保持室内整洁。

2. 衣着护理

（1）为婴儿选择柔软宽松、容易穿脱、透气性好、容易洗涤、不易掉色的衣物，同时衣服不能使用别针、纽扣，以免引起误食、皮肤过敏或损伤。

（2）婴儿容易出汗，因此衣物不能穿得太多太紧，褓褓也不要裹扎太紧，以免影响发育。

（3）尿布要求清洁、柔软、吸水性好，但不要过厚过大，以免长久夹在两腿之间引起下肢变形。

（4）婴儿的衣服要用中性肥皂手洗，不要与大人的混合，避免污染。

3. 照顾睡眠

（1）保持睡眠安全。婴儿床最好选择木质的，摆放时不要紧靠墙壁，以免婴儿的皮肤接触墙面受到刺激。床的四周边缘应设置围栏，保证安全。床垫不能太硬或太软，以免影响脊柱发育。

（2）让婴儿睡眠充足。保证充足的睡眠，有利于婴儿脑的发育。婴儿每天的睡眠时间大约14～18小时，越小睡眠越多。每天除夜间睡眠外，白天最好睡眠1～2次，但睡眠时间不宜太长，以免影响晚上睡眠。

（3）做好睡前卫生。晚上睡觉前要为婴儿洗手、洗脚、排便、洗臀部,并换好尿片,这样婴儿会睡得舒服。

(4)让婴儿自然入睡。要让婴儿形成自然、独自入睡的习惯,不要经常抱着婴儿入睡,也不要摇动或哄他入睡,否则会形成依赖大人才能入睡的习惯。

(5)婴儿睡觉时保持清静。睡觉时不能给婴儿盖得太厚,不要蒙头,并保持环境安静、光线黯淡。

(6)慎用枕头。3个月前的婴儿不要用枕头,3个月后枕头一般2~4厘米,不要太高,以免挤压颈椎。

4. 卫生护理

(1)洗脸洗手。婴儿都有咬手指的习惯,因此,每天早中晚都要用柔软纱布为婴儿洗脸洗手,外出时常备卫生纸及湿巾,随时擦手,避免脏东西入口。

(2)为婴儿洗澡。夏天可以每1~2天为婴儿洗一次澡,冬天出汗较少,可适当延长。

为婴儿洗澡时,最好有两人配合,便于操作。洗澡时要保持房间温暖,兑好热水,加入洗澡液,然后脱掉婴儿衣物,用毛巾包好身体,再用柔软纱布轻轻擦洗眼睛、鼻子、耳朵和嘴唇,然后捏住耳朵洗头,防止耳道进水;擦干头后,用两腿托住婴儿,擦洗臀部,再用双手托住婴儿,用柔软纱布慢慢往婴儿身上浇水擦洗,然后擦干所有皮肤皱褶,再往手上撒上爽身粉,两手搓一搓,轻轻抹在婴儿皮肤上,包好尿布,穿好衣服。

婴儿身体柔软较滑,洗澡时千万要抱紧,防止扭伤或滑脱。往婴儿身上浇水时可以对着婴儿微笑和说话,减轻他的紧张。若洗澡过程中要加水,应先用小盆兑好后再加,不要直接往里面加热水,以免烫伤婴儿。

对于较大的婴儿,可以在浴缸中放入橡皮浮垫,将婴儿放到橡皮垫上再浇水擦洗。但一定要注意防止婴儿滑落水中,并要将婴儿头颈部抬高,防止耳道进水。

（3）换洗尿布。尿布要勤换勤洗，每次大小便后要为婴儿擦洗臀部，保持清洁。

（4）训练婴儿排便。婴儿 4 个月以后就可以开始训练大小便，比如按照婴儿平时排便的大致时间间隔，将他抱起解开尿布后用"嘘嘘"声刺激他排便，久而久之就会形成条件反射。到一岁左右时，婴儿就基本上可以自我控制排便了。

（5）剪指甲。指甲长了不仅会蓄积较多的病菌，而且还会导致婴儿抓伤面部，因此要常常修剪指甲。修剪可以选择在婴儿吃奶时，握住手指，用指甲刀沿着指甲的自然弯曲轻轻修剪，使指甲平滑，然后再用湿毛巾擦洗双手。注意不要剪得太深，不要用剪刀，因为剪刀容易伤及手指，也容易留下尖角。

5. 安全护理

（1）不要让婴儿玩弄容易进口的小玩具，如玻璃珠、橡皮泥、火柴等。

（2）换衣穿衣时不要用力拉扯婴儿四肢，以免脱臼。

（3）婴儿练习走路时一定要用双手扶住婴儿腋下，放到学步车里时一定要跟在旁边。

6. 动作与心理发育锻炼

（1）动作训练。3 个月后，就要适当让婴儿俯卧，练习抬头；8 个月后，就要让婴儿在床上多练习爬动，使婴儿的全身肌肉都得到锻炼；10 个月后就可以扶着婴儿多练习站立和走路。练习站立时双手不要离开婴儿，否则容易倾倒；训练走路时要用双手扶着婴儿腋下，让他的双脚轻轻着地，这是他就会自觉往前迈步，然后你跟着他走，注意重心要稳，避免往前倾倒。

（2）智力与情感发育锻炼。婴儿阶段的智力发育主要是感知和发音，在感知的基础上产生初步的注意力和记忆力。让婴儿多看鲜艳的气球，玩弄简单的玩具，听音乐，以及和他说话、逗笑等，都可以刺激婴儿的感知力，促进大脑的发育和动作协调。

3 个月后的婴儿,可以在他小床的上空悬挂一些鲜艳的气球或布娃娃,使他能够抓到;6 个月后,就可以放一些简单而又安全的玩具,尤其是发声玩具让他自由玩耍。而随着月龄的增长,和婴儿说话交流的时间也要加长,婴儿会逐步注意到大人说话的声色、嘴形,并开始模仿,当然,这时他模仿的发音会很模糊,你要耐心纠正,并把声音和物体联系起来,经过多次反复,孩子就能初步了解说话的意思,并逐步记住。

此外,照看婴儿的过程中,多给予爱抚、微笑和亲切的语言,就能使婴儿感觉愉快,有利于培养良好的情绪和情感。如经常给他按摩脚底、亲吻脸颊等。对于认生的婴儿,可以多抱他到外面走走,让他多看、多听,就会逐渐减少对生人的惧怕。

(三)婴儿饮食料理

1. 喂奶期

6 个月内的婴儿消化系统十分脆弱,因此要以母乳喂养为主,母乳不足时要加喂配方奶粉。从第 2 个月开始,就可以适当加喂一点淡果汁和菜汤;第 4 个月以后,逐渐加喂米糊、水果泥(用小勺刮果肉喂),以及少量蛋黄和肉泥(最好加在米糊里面),数量要一点一点地增加,使婴儿慢慢适应。

2. 断奶期

婴儿出生 6 个月以后,母亲的乳汁变淡,而婴儿的营养要求不断加大。因此,6~8 个月期间,婴儿的食物就应当逐渐转移到以喂饭菜为主,减少母乳喂养,为断奶做准备。

断奶前要让婴儿先习惯吃配方奶粉,减少对母乳的依赖,再慢慢加大辅食,断掉母乳,以牛奶和辅食交替喂养,随后再过渡到早晚喂牛奶,中间喂米糊、菜泥、鱼泥、肉泥、猪肝粥、水果泥等食物,最好将肉、菜和米糊混合喂,利于消化吸收。注意食物要从少到多,由稀到浓,让婴儿逐步适应。

断奶期最好避开炎热的夏天和严冬,以免引起食欲不振。若遇婴儿严重不适应断奶,就应当推迟断奶期,但最好不要超过 15个月。

3. 断奶后

断奶后婴儿的饮食搭配要合理,易于消化。一般早晚坚持喂配方牛奶,中间则可以喂面条、稀饭(适量加入肉末、猪肝)、馒头、菜泥、小饼干等,使食物多样化,提高婴儿胃口。但不要给婴儿吃油炸和爆炒的食物,以免引起消化不良和腹泻。

这段时间,大人可以通过观察婴儿的大便情况调整饮食。如果大便很干,可以适当再加些菜泥,或者多喂一些蔬菜水或水果汁;大便很散,说明消化不好,应多喂迷糊、菜泥,减少油脂及肉类。总之,要避免吃多了消化不良,吃少了又缺乏营养。同时,尽量不喂或少喂含有添加剂和色素的各种制成品。

二、幼儿看护

(一) 幼儿期的特点

1~3岁的幼儿,是一生中发育最快的时期,同时也是性格养成的关键时期。俗话说"三岁看大、七岁看老",就形象地反映了幼儿时期的身心发育对其一生的重要影响和作用,因此应引起家长和社会的特别重视。

1. 生理发育特点

(1)骨骼弹性较大,容易变形;关节软骨相对较厚,韧带的伸展性大,但关节的牢固性较差,容易发生脱臼。

(2)血管丰富,心跳较快,一般每分钟达到 100~110 次;血浆含水分较多,含凝血物质(纤维蛋白、钙等)较少,出血时血液凝固较慢;血成分中免疫球蛋白少,所以抵抗力较成人差。

(3)脚部逐渐出现足弓,如果运动量不足,就会引起足塌陷,成为扁平足。

(4)新陈代谢旺盛,组织损伤后比成人愈合快;胃排空较快,容易饿，随时都想吃东西。

（5）随着年龄增长，肌肉逐步发育，婴儿时期的脂肪逐渐减少，腿和胳膊逐渐加长，脸变得比以前更有棱角，下巴也显露出来。

2. 心理发育特点

幼儿的心灵就像一张白纸，随着对外界的感知增加，这张白纸上就被画上了各种事物和现象，并开始通过大脑思维而逐渐固定下来，形成一定的认识和经验，并依据这些认识和经验做出超出本能反应的各种行为，进而形成各种情感、情绪和性格。因此，幼儿的心理发育过程，在很大程度上是他对周围事物的感受过程和大人对他的思维进行引导的过程。因此，有意识地让幼儿获得更多的感受，并恰当地控制他的行为，有利于幼儿良好的心理发育。

幼儿的主要心理特点包括：

（1）天真活泼、纯洁可爱。这是幼儿心理活动最显著的特点。因为幼儿缺乏知识和经验，不会掩饰内心的感受，思维简单，他所表露出来的更多的是天性。

（2）缺乏自制、行为任性。幼儿期对周围的世界都很好奇，特别是对没有接触过的东西，会表现出非常浓厚的兴趣。一旦他对什么东西感兴趣，就会坚持去要，得不到就会哭闹，表现得非常任性，这也是幼儿渴望迅速认识世界的一种表现，只要正确加以引导即可。

1～2岁的幼儿，对周围可以动的东西特别感兴趣，会寻找曾经玩过的玩具，开始模仿大人的动作，也喜欢随着音乐晃动身体跳舞，这一时期的主要心理反应是积累认识和经验。

2～3岁时，孩子的脑组织已经达到大人的80%左右，已经具备了初步的记忆和思维能力，并产生较强的自我意识，能主动思考并作出各种反应，是孩子心理发育的转折期，容易表露出喜怒哀乐和各种反抗行为，因此要注意引导。如果过分溺爱和迁就，就可能会养成不好的习惯而难以纠正。

(3)可以接受早期教育。2~3岁的小孩,已经具备了初步接受教育的能力。他能较快地背一首简单的古诗,唱儿歌,听音乐和跳舞,说出自己的意思,甚至可以画一些简单的画。动手能力也开始显现出来,如解开自己的衣服、摆弄玩具等。这时,若注意早期智力开发,不仅可以为孩子今后的成长打下基础,还可以发现他的一些天分和特长。

(二)幼儿生活起居料理

1. 穿着料理

(1)幼儿的衣服、鞋子要宽松适度,穿脱方便,过小或过大的衣服鞋子都对幼儿身体发育不利。

(2)幼儿代谢旺盛,容易出汗,因此不要穿得太多。

(3)平时不要让幼儿穿拖鞋,否则走路容易呈八字形,且容易绊倒。

(4)勤换勤洗,贴身衣服要用中性肥皂手洗,不要与大人的衣物混合。

2. 卫生保健

(1)训练幼儿使用便盆自己解大小便,并让他形成习惯。

(2)勤为幼儿洗手洗脸,勤剪指甲,使孩子养成饭前便后自己洗手的习惯。

(3)定期为孩子洗澡,每天睡前都要洗手洗脚,女孩还应天天洗臀部。

(4)外出时不要让孩子穿开裆裤,避免坐地玩耍时感染臀部。

(5)注意口腔卫生,2岁后的孩子要培养饭后漱口和早晚刷牙的习惯;不让孩子吃过冷过热的食物,以免损害乳牙。

(6)注意皮肤保健,热天经常擦汗,长痱子时先洗干净,再擦痱子粉,不要用手抓痒,以免感染。

(7)注意保护视力,要经常保持光线充足,勿让孩子趴着或躺着近距离看书画,避免孩子长时间近距离看电视或玩电子游戏。

(8)注意保护耳朵,不要随便给幼儿掏耳屎,以防损伤耳道或引起感染。耳道内的耳屎只要不对听力构成障碍,就不要去掏它,因为适当的耳道分泌物有利于保护中耳和内耳。若因耳道进水或感染引起红肿流脓,一定要及时到医院诊治。此外,强烈的声音刺激,以及一些抗生素(如链霉素、庆大霉素)等容易引起听力下降甚至耳聋,要注意预防。

(9)要注意定期带幼儿体检和打预防针。

3. 安全保护

幼儿天真可爱,活泼好动,经常爬上爬下,跑进跑出,一不留意,就容易发生各种伤害。因此,照看幼儿时要特别注意安全。

(1)无论什么时候,都别让孩子离你太远,要让他在你可以控制的范围之内。要防止幼儿攀爬窗户、家具及其他有危险的地方。

(2)大街、公园等公共场所不能让孩子脱离你的手,以免走失或摔倒。

(3)和孩子逗乐时,不要过度摇晃他的头,以免造成脑组织损伤。

(4)不要用猛力拉扯小孩的手脚,以防脱臼。

(5)经常检查孩子的玩具,看看损坏的地方会不会割破手指或扎伤皮肤。

(6)防止误食。药物及有毒有害物质要存放到小孩够不到的地方,最好锁起来;小玩具、玻璃珠、坚果等容易被误食,果冻容易导致窒息,要注意防止。

(7)热水瓶、开水壶要放到安全稳固的地方,不要让小孩接触。

(8)带电的插座不用时要用绝缘体覆盖起来,避免小孩用手触摸。

(9)不要让幼儿与宠物玩耍,以免被抓伤或咬伤。

(10)要随时告诫孩子哪些东西有危险,初步培养孩子远离危险的习惯。

4. 运动保健

适当的运动能够较好的促进幼儿的骨骼和肌肉的发育,养成强健的身体,并有利于形成乐观、勇敢、积极向上的精神风貌和坚强的性格。

(1)选择适合的运动项目。幼儿的骨骼还比较脆弱,四肢力量小,也不具备参加正规体育锻炼的心理素质。因此,幼儿的运动锻炼是一种与游戏结合起来的活动。比较适合幼儿的运动有球类游戏、骑车和游泳等。

投球:在大人的照看下,让幼儿手握小皮球或乒乓球,扔到一个近距离的篮子里面,或在一个开阔、安全的地方(如铺有地毯的空房间),大人与小孩对扔小皮球。

踢球:在开阔平整的草地上,让幼儿踢小皮球。

骑车:让幼儿在平整的路上骑小单车或小三轮车。注意大人一定要紧跟其后,不要在人多车多的地方骑。

游泳:可以在游泳池或较大的浴缸里,用幼儿专用的充气救生圈套在脖子上,将幼儿放入暖和的水中,让他自由运动。注意大人不可离开,不要让水进入幼儿耳道。

舞蹈:教幼儿一些简单的跳舞动作,让幼儿跟着音乐的节奏跳。也可以买一些幼儿舞蹈的碟子,让幼儿边看边跳。

此外,还可以教孩子做一些平衡性、协调性、机敏型的运动。如仰卧手举塑料棒(不要太重)、走较矮的平衡木、用球拍托球行走及单腿站立等。而倒立、头着地、快速跑步等容易造成损伤,不适合幼儿。

(2)选择合适的运动场所、运动时间和运动量。幼儿的运动可以在室内,也可以在室外,但首要的是保证安全。若在室内,要把容易绊倒幼儿的东西收捡起来,容易碰到的家具边缘棱角用旧衣物遮盖起来;室外尤其要注意活动范围当中有没有碎玻璃、石头,以及其他的危险性因素,且在这个活动过程中都要跟着幼儿,并随时观察周围的情况,防止意外发生。若天气情况较好,应该让孩子有足够的户外活动时间,使孩子多接触阳光,以促进钙、磷的吸收和骨骼生长。

幼儿每天的运动量不宜过大,一般选择在早上和下午比较合适,而中午太阳较大,人也比较容易困乏,应该让孩子午睡。每次连续运动的时间一般为 15~30 分钟,若孩子不疲倦,可以让他休息一会后再来。

(3)让孩子在平时的生活中也得到锻炼。孩子天生就有模仿大人的习惯,因此,当你劳动时,孩子往往会跟着你一起做事,这时,你可以鼓励他,只让他参与一些简单的劳动。平时,你也可以有意识地教孩子自己穿衣服鞋袜、整理玩具、开门、取物、浇花、喂小动物、折纸、捏橡皮泥等,让他在劳动中得到锻炼,并培养良好的品格。

(三)饮食料理

1. 幼儿的饮食搭配

幼儿的饮食要保证生长发育所需要的蛋白质、脂肪、糖类、矿物质、维生素和微量元素。因此要饮食搭配要合理、多样。

(1)多种主食搭配。米饭、面点、玉米、甘暮、土豆等都可以作为主食,这些食物搭配或交替食用,既可以保证糖类的摄入,又可以改善胃口。

(2)肉类与蔬菜搭配。肉类含有丰富的动物蛋白和脂肪,而蔬菜,尤其是深绿色的蔬菜则含有丰富的纤维、维生素和矿物质,豆类还含有丰富的植物蛋白。因此,肉类与蔬菜、豆制品搭配食用,不仅营养丰富全面,而且还可以预防便秘和其他疾病。

(3)海产品、淡水及陆地产品搭配。海产品如海鱼、海虾、海带等,除含有蛋白质、脂肪和糖类物质外,还含有较多的矿物质,与猪、牛、羊、禽、蛋等食物搭配,营养更加丰富。

（4）饭菜与水果搭配。水果所含的糖分和矿物质往往比较容易被肠胃吸收，因此，平时或饭前吃一些水果，可以起到快速补充能量和维生素的作用。

（5）饮食搭配与季节适应。冬天多吃高能量食物有利保暖，夏天多吃清凉解暑食物，如绿豆羹、青菜汤等，有利于保持身体健康。

只要孩子不过度挑食和偏食，身体发育所需要的各种营养物质是能够保证的。因此，平时不要随便乱给孩子添加钙片、微量元素及维生素等药物，以免引起毒副作用。若怀疑幼儿有维生素及微量元素缺乏症状，应到医院化验确诊后对症用药。

2. 喂养方法

（1）合理烹调。幼儿的饭菜，要求细、碎、软、熟透，做到少盐、少味精、低糖、弱酸、无刺激、少用油，既保证营养价值，又容易消化和吸收。

对不同的食物，要采用不同的烹调方法。如对肉类，应采用炒、煮、炖等高温烹调，保证熟透；对绿色蔬菜，则不宜长时间高温烹调，否则容易破坏所含的维生素；而超高温煎炸食物，容易破坏蛋白质、糖类，降低营养，甚至产生一些有毒分解物，因此不宜给幼儿食用。

经常变换烹饪方式，可以改变食物口感，提高幼儿胃口。如面食做成面条、花卷、水饺、包子等交替食用，肉类可以做成炒肉末、煮汤等，并经常与蔬菜混合烹饪，而鱼类则最好煮汤给幼儿喝，不要让孩子自己吃鱼肉，以免被鱼刺卡住咽喉。

蔬菜要先洗后切，以减少水溶性营养素的流失。以叶为主的蔬菜最好在水中浸泡一段时间，以去除寄生在蔬菜表皮的虫卵和残留农药。

少用或不用腌菜、腊菜（腊肉）、罐头等制成品为幼儿做食物，因为腌菜、腊菜容易刺激肠胃，而罐头则或多或少含有一些添加剂。

做好的饭菜不要久放,若存放时间较长,应放入碗柜、冰箱等安全的地方,食用时要重新加热灭菌。

(2)合理安排用餐时间。幼儿胃的容量小,消化快,容易饿,因此饮食的时间间隔要比大人短一些,有时还会显得没有规律。但是,你还是要培养幼儿定时用餐的习惯,每天安排早上、中午、下午、傍晚或睡前1~2小时给幼儿用餐,其他时间若孩子饿了,可以适当补充一些点心和水果。但要注意睡前不吃甜食,以防龋齿。

(3)培养良好的饮食习惯。要尽早为孩子选择既轻便、又安全的塑料或仿瓷餐具,培养他用餐的习惯。开始可以让小孩用勺,以后逐渐学会用筷子。孩子吃饭时不要说笑,不要让他边吃边玩或边看电视,不要追着孩子喂饭。平时要教育他细嚼慢咽,不撒饭菜。若孩子不想吃饭,不要强制喂食,以免形成厌食情绪。

注意不在餐前喂孩子零食或喝甜饮料,不要长时间给孩子吃单一的食物,以避免孩子挑食或偏食。进餐前要先让孩子安静下来,洗手洗脸(嘴),保持心情愉快。不要在他剧烈运动后马上喂食,饭后也不要让孩子做剧烈运动,以免消化不良。

(四)早期教育方法

1. 语言感染

(1)多和孩子说话。幼儿说话最初是通过听和模仿实现的,不管孩子是否明白,大人都要多和他说话。孩子不断地听到大人发出的声音,看到发音时的口形,他就会一点点地模仿发出声来。

(2)鼓励孩子多说。孩子开始说话后,就要鼓励他多说,少用手势。如果他说的不对,要告诉他应该怎么说,耐心地引导和纠正。

(3)要尽可能使用普通话。要让幼儿练习发音,首先大人要正确发音,因此最好使用普通话与幼儿交流。若普通话不够标准,也要保持吐字清晰。

2. 让幼儿多观察和多体会

幼儿是对世界形成初步印象的时期,他的心里发育在很大程度上受到周围环境和大人的影响,因此要让幼儿有更多的观察和体会的机会。

(1)平时多给孩子解释物体的名称、形状等特性。

(2)多带他到室外,让他接触更多的东西。如奔跑的汽车、绿色的植物、坚硬的石头、觅食的昆虫等等,让他不断积累知识与经验,启发智力。

(3)根据孩子所看到的现象,适时告诉他一些生活中的对错、美丑、好恶等道理,使他逐步积累正确的道德知识与情感。

3. 识图教育

1 岁半时,孩子就可以看画册了。通过看画册,可以让孩子看到许多周围看不到的东西,提高他的兴趣和注意力。

(1)根据年龄选择适合的画册。1~2 岁的幼儿的智力,还不能理解事物的关联和运动规律,因此应给他看一些色彩丰富的独立图画,让他知道这是什么。2 岁以后,就可以给他看一些简单的连环画了,然后告诉他是怎么变化的。

(2)培养孩子看画册的兴趣。给孩子看画册时,大人要在旁边不停地教他看到的东西的名称,告诉他一些小故事,即使他听不懂,只要有人陪他一边说话一边看,他也会感兴趣;否则,孩子的注意力会很快发生转移,而且下次就不再感兴趣了。

(3)不要怕孩子撕书。孩子撕书,有时是孩子兴奋的表现,撕下后往往还会拿在手上,因此不要随便予以阻止,更不要大声吼他。

4. 用玩具教孩子

让孩子获得知识的最好方法,是让孩子在愉快的玩乐中学到知识。因此,为孩子选择可以启发智力的玩具,不失为一种早期教育的好方法。

（1）选择适合的玩具。玩具既要有娱乐性，又要有启发性，因此要根据孩子的接受程度和兴趣来选择，不能让他觉得太难或不好玩。

比较适合幼儿的玩具有：拼图玩具、数字玩具、发音玩具等。

（2）提高孩子的兴趣。孩子玩玩具时，大人要陪着他，还要给他适当的引导和做示范。当他有所进步时，要多给他鼓励；不感兴趣时，你可以在一边玩给他看，并做出一些惊奇的表情，激发他的兴趣。

5. 教孩子唱歌

唱歌是孩子共同的爱好，可以让孩子获得知识，心情愉快，增强节奏感，增加肺活量。因此，你可以教孩子一些简单的儿歌，甚至可以让孩子对着话筒唱歌，不管他唱得如何，都给他拍掌鼓励，或为他打拍子，培养他的自信心，提高情趣。

6. 让孩子参与集体生活

现在，多数家庭都是独生子女，孩子之间的交往缺乏，又容易受到长辈的娇惯溺爱，养成自私的品格。因此，除了不要一味地迁就孩子外，还要多带孩子走出家门，为他找几个好伙伴一起玩耍，正确地引导他与同伴交往，增加集体生活的体验。

7. 不要过度迁就孩子

幼儿没有自我控制的概念，如果他的要求不当，不要一味地顺从他，否则，以后会形成习惯，继而发展成难以改变的自私性格，为以后的成长满下隐患。因此，出现这种情况，一是可以耐心给他解释，让他懂得道理；二是可以不理他，转身假装走开或做其他事情，他的要求就会逐渐减弱甚至消失；三是可以带他离开，或者用其他玩具转移他的注意力。

（五）异常情况处置

幼儿通常好奇心强烈，好动，又不知道什么东西危险，因此容易发生误食、摔伤、烫伤、触电、溺水等意外。看护人员应注意不同场合下各种意外事故发生的可能性,以便及时做好预防,排除隐患。

发生异常情况时,若家长不在身边,要及时打电话报告家长或直系亲属,同时,根据现场情况沉着、冷静地做一些有把握和有效的处理,切不可乱用药或做不恰当的处理,以免造成二次伤害。

1. 紧急呼救

对于较为严重的突发事件,应当立即向周围的人求救,拨打110(匪警)、120(医疗急救)、119(火警),拨打电话时不要慌乱而搞错号码,打通电话后要准确、详细地告诉出事的地点和事故情况。

2. 外伤的紧急处理

若发生严重的外伤,如烫伤、烧伤、出血、休克等,就应当先做紧急处理,然后尽快送医院治疗。

(1)烧、烫伤的紧急处理。平时生活中若不小心碰倒开水、热粥、热汤、蒸汽等而致小面积烧烫伤,或发生小范围烧伤,应尽快小心镇定地除去烧、烫伤部位的衣物,用冷水喷洒、浸泡,进行降温处理。严重时要用剪刀剪开衣服,以防慌乱脱衣将皮肤一同剥下造成创口。冷却后用浸湿的干净纱布敷在创面上,并立即送医院治疗。

(2)皮肤划伤出血的处理。如果是轻微外伤,可用创可贴止血消炎;如果是皮肤受伤出血严重,就要首先用干净的纸巾(棉球、干净手绢等)压住伤口止血,然后紧急送往医院治疗,若家中备有医用酒精等消毒药水,可用棉签蘸酒精擦洗和消毒伤口。

(3)溺水后的处理。救起后,迅速清除口、鼻内的赃物,提起小孩双脚保持头部向下,拍挤背部,使其将呼吸道和胃里的水吐出来。若效果不明显,应立即采取人工呼吸和胸外心脏挤压等措施急救,一般每吸一口气,作四至五次心脏挤压,同时赶快拨打120急救电话。

（4）鼻出血处理。鼻粘膜内血管丰富，一旦损伤引起出血，应立即让孩子坐下，将出血鼻孔捏住，用毛巾打湿冷水敷前额和鼻梁，一般5分钟后即可止血。出血较多时，也可用消毒棉花塞入鼻腔止血。经常出血或因外伤引起的出血，应送医院治疗。

3. 发热的紧急处理

用手触摸手心、额头时有发烫的感觉，用体温计测量腋下温度达到37.4℃以上就是发烧，达到38.5℃以上为高烧。引起发烧的原因很多，一般常人是难以判断的，必须及时到医院就诊，以免贻误病情，错过最佳治疗时机。

若突然出现高烧，不要盲目给幼儿吃退烧药，而是要让患儿静卧，适当解开幼儿衣服，用凉毛巾敷额头等物理办法降温，然后赶紧送往医院诊治。

4. 鱼刺卡喉的处理

孩子吃鱼时，不小心被鱼刺刺入咽喉，这时若盲目用手伸入喉咙，反而有可能使鱼刺扎得更深，而连吃几口米饭、大口吞咽面食或喝醋的土办法也是不科学的。应该首先让小孩尽量张大嘴巴，然后找来手电筒观察鱼刺的大小及位置，如果能够看到鱼刺且所处位置较容易触到，就可以用消毒的小镊子小心夹出。如果根本看不到鱼刺，或是鱼刺较深不易夹出，就要及时去正规医院处理。

第十章　老年人的照料

　　我国自 2000 年进入人口老年化社会,到 2008 年底,60 岁以上老年人口已接近 1.6 亿,占总人口的 12%。从 2009 年开始,我国将进入老年人口增长高峰期,老年人口增速加快,80 岁以上的高龄老人和丧失生活自理能力的老人将大幅增加。同时,由于家庭结构的变化,我国传统的家庭式养老模式也开始受到严峻挑战。在以往三代同堂甚至四世同堂的多子女家庭结构中,老年人大多依靠子女照料。而随着独生子女政策的推进,家庭结构向 4 位老人,2 位成年人和 1 个子女的"421"结构转变,且成年子女独立生活甚至异地工作的情况较为普遍,空巢化(纯老年人家庭和老年人单独居住)老人增多,养老问题日益突出。

　　面对如此庞大的老年群体,我国老年人社会保障与服务体系严重滞后,养老机构(如敬老院等)严重不足,大多数老年人将更多地依靠自理或聘请家政服务人员照料。面向老年人的家政服务需求,将随着老年人口(尤其是高龄老人)的增加而不断扩大。而服务的项目和内容,除了一般的洗衣做饭等生活料理以外,还扩大到了心理安慰和健康护理等方面。因此,家政服务员应当全面了解老年人的特点及护理需求,懂得如何与老年人交流和沟通,并能够料理老年人的生活起居和为老年人提供健康保护。

一、老年人的身心特点

　　由于新陈代谢衰退,组织细胞的生理功能减弱,再生能力下降,人就会逐步表现出各种衰老体征。进入老年期,人体衰老体征就会集中表现出来,不仅体现在身体的各个部位,还表现在行动、思维、记忆等方面,甚至性格、脾气也会发生变化,因此表现出一些老年人特有的生理和心理特征。

(一) 生理变化特征

生老病死是人生无法抗拒的自然规律,进入老年期后,人体各方面的机能都会转入衰退,但不同的组织器官开始衰退的时间和抗衰退的能力不同。大脑、肺 20 岁以后就开始衰退;骨骼和肌肉一般是从 30 岁以后开始衰退;而大部分内脏器官(如心脏)则是从 40 岁以后才开始衰退的,其中肝脏由于再生能力最强,要到 70 岁左右才开始衰退。

尽管衰退时间不同,但所有的衰退症状,几乎都是到了老年时期才明显表现出来。这些表现主要有以下几个方面。

1. 皮肤与头发的变化

皮肤皱纹逐渐增多,表皮变得粗糙,且由于色素沉积出现颜色不同的斑块(如褐色、白色等),俗称老年斑。头发由于黑色素减少而开始发白,且由于发囊逐渐松弛,开始出现脱发。

2. 视力和听力变化

一般人从 40 岁开始,眼球的弹性就会逐渐降低,视力下降。进入老年期后,晶状体硬化,弹性减弱,睫状肌收缩能力降低,视觉调节功能急剧下降,近距离看书特别困难,俗称老花眼。老花眼还表现为眼睛容易疲劳、酸胀、多泪、怕光、干涩及伴生头痛等症状。一般来说,年轻时患有轻度近视的人出现老花眼的程度较轻,而有远视的人出现老花眼的时间往往较早。

进入老年期后,由于内耳血流不畅,耳膜对声音的敏感性降低,出现不可逆转的听力下降,而且更容易受到药物等因素影响而出现耳鸣、耳聋等症状。但如果经常锻炼身体,不吸烟、不酗酒,日常饮食多样化,常吃富含铁的食品如动物肝脏、瘦肉、猪血、豆制品、绿色蔬菜等,可以延缓听力下降。

3. 内脏器官变化

主要表现有以下几个方面:

(1)心脏比年轻时明显增大,血管弹性减低,冠状动脉血管变窄,心肌容易发生营养不良和缺血。

(2)肝脏变小,肝细胞再生功能减弱,对药物的代谢和解毒作用降低,抵抗力减弱。同时,胆汁分泌减少,胆囊的收缩和排空能力减弱,这不但影响肠道的消化吸收功能,而且由于收缩和排空障碍,容易因胆汁积留而发生胆结石。

(3)肾脏萎缩,肾功能衰退,尿量增加,对尿的控制力减弱,常出现排尿无力、尿频、尿急等现象。

(4)由于胸腔逐渐变小,呼吸肌逐步萎缩,气管及肺的弹性减弱,从而出现肺活量减少,容易感到胸闷。

(5)消化和吸收功能减弱。首先是口腔中牙龈逐渐萎缩,并最终导致掉牙,舌头味觉减弱,咀嚼功能减弱,同时唾液腺逐渐萎缩,唾液分泌减少,导致容易发生牙周炎和龋齿。其次是食道肌肉的节律性收缩蠕动出现不协调,胃肠蠕动减弱,胃肠黏膜逐渐萎缩变薄,胃酸和胃蛋白酶分泌减少。因此,老年人对食物的消化和吸收功能下降,如果食物调理不当,很容易发生营养不良或失调。

4. 脑组织的变化

大脑是人体的重要器官,耗氧量相对较大,必须有足够的血液供应大脑才能正常活动。随着年龄的增长,大脑的血液供应会逐渐减少,脑组织就会逐渐萎缩,记忆力衰退,思维水平逐渐降低,反应迟缓,对睡眠的需求也会减少。

衡量大脑血液供应的标准是脑血流量,如果大脑某一部分血流在较短时间内完全阻断,会发生局部脑组织坏死,就是脑梗塞;如果大脑供血不是完全阻断而是慢慢地减少,就是慢性脑供血不足。由于血管硬化等多种原因,老年人出现脑供血不足的可能性增大,且常会由此引起头晕、头痛、耳鸣、失眠多梦、健忘、注意力不集中、记忆力减退等情况发生,被称为老年人的"隐形杀手"。

5. 骨骼变化

老年人骨质代谢进入退行性改变时期,骨生成不足,骨量减少,骨钙丢失明显增加。骨骼中有机物质如骨胶原、骨粘蛋白质含量减少或逐渐消失,从而出现骨质疏松,骨的弹性、韧性减弱,骨骼变脆,椎间盘退行性变形,脊柱弯曲,驼背,身高下降。同时,关节软骨纤维化,关节僵硬,活动不灵活。

人体的衰老是一个渐进的过程,然而不同的人衰老的速度和程度又有差异。究其原因,除了遗传因素外,还与长期的生活习惯、营养状况和精神状态密切相关。良好的生活习惯,如经常参加各种锻炼、按时睡眠、合理饮食等,有利于减缓肌体的衰老。

(二) 心理变化

老年人的心理,除了受肌体衰退的影响外,还受到退休后社会地位、经济收入、人际交往的变化和家庭成员的影响,因此老年人在心理上往往会产生一些特有的心理变化,这些变化既有积极的,也有消极的。

积极的心理表现在:退休后工作的压力没有了,思想上豁然开朗,乐观大度,具有奉献余力和参加力所能及的各种活动的热情,能够理性看待家庭和子女的各种问题,不对自己施加压力,时常保持轻松愉快的生活。积极的心理加上良好的生活习惯,可以延缓肌体衰老,延长寿命。消极的心理变化往往和性格、处境及思想压力有关。有的老年人由于缺少了工作的刺激和同事间的交往,在加上与子女的情感沟通不畅,以及对衰老和疾病的担忧,往往会出现孤独、抑郁和焦虑等不良心理反应,进而影响身体健康。

由于肌体衰老,老年人所表现出来的典型心理活动特点可以归纳为以下几个方面。

1. 健忘和迟钝

由于大脑组织萎缩,神经细胞传导功能减弱,加之脑血管弹性降低,血流量减缓导致能量供应降低,使得老年人对各种刺激的反应变慢,思维迟钝,注意力不集中。但记忆力的减退是一个漫长的过程,而且原有的记忆并不会因此而消失,有的反而会因不断回忆而显得更加清晰。另外,老年人一生积累了丰富的经验,虽然反应迟钝,但往往能对了解的情况做出较为准确与合理的推断。

2. 抑郁和焦虑心理

这主要是在老人与外界的交往和接触显著减少,子女工作繁忙而疏于陪伴老人,或因与子女的看法和观点差别较大(即所谓的"代沟")而难以进行情感交流的情况下发生的。尤其是事业心较强、思想充实、工作繁忙的人,退休后不太适应清闲的生活,总是为这为那操心,但又无力解决问题,因此感到孤独和失落,渐渐地就会演变成抑郁和焦虑。这种心理不仅使老年人失去幸福和愉快,而且长久的抑郁和焦虑会引起身体抵抗力下降,诱发很多严重疾病,如癌症、肝硬化等。

3. 情绪波动

老年人阅历丰富,自尊心较强,有的甚至有不认老、不服输的"逞强"心理。但这和他的体力、精力的衰退是极其不符的,这些矛盾心理往往会使他产生较大的情绪波动,出现暴躁、小气、难以相处等情况。有时,失控的情绪会让老人看起来就像一个小孩,当他的要求得到满足时,他会显得异常快乐和兴奋,而当他感觉到不顺意时,又会莫名其妙地发火或者郁闷;当你表现得愿意听他说话时,他会一直不停地谈天论地,而当有些事情看不惯时,他也会不加掩饰地喋喋不休。出现这些现象的原因,是老年人更需要得到别人的尊重和爱护,也更希望与人交流并得到别人的理解。

4. 多疑与固执

人进入老年期后,往往会经常回味人生的各种经历,并加固自身所获得的经验,从而更加坚信自己的观点和看法。出现新的情况时,老年人往往会固执己见,不轻易相信别人的分析和看法。因此常常会显得与人相处时斤斤计较,猜疑重重。

老年人的心理变化,与身体机能的衰退是密不可分的。身体的衰老导致心理活动能力下降,甚至诱发不好的性格和脾气;而不好的性格和脾气又会加快肌体的衰老,甚至诱发肝脏、肠胃等多种器官病变。反之,若老年人长期保持良好的心态和愉快的心情,则可以改善血液循环,促进新陈代谢,提高胃口,增强肌体的抵抗能力,延年益寿。因此,让老年人调整好自己的心态,保持轻松愉快的心情,是确保老年人健康生活的重要措施。

二、老年人的饮食料理

(一)老年人的营养需求特点

老年人由于生理机能衰退,消化吸收功能减弱,对营养的要求也从充足转变为平衡和适量,而不是营养越高越好。

1. 糖类的需求

很多食物都含有糖类物质,但主要由米、面等主食供给,是身体热量的主要来源。老年人新陈代谢缓慢,活动量少,因此对食物热量的需求减少。一般而言,老年人对食物热量的需求比青年人减少 10% 以上,因此对糖类的需求相对减少。如果糖的摄入过多,容易引起肥胖、心血管疾病和糖尿病;摄入过少,又会导致体内蛋白质分解以增加能量。因此,每天糖类食物的需要量,可根据老年人的胖瘦以及活动量的大小确定,一般糖类食物(主食)占总的食物量的比例以 50~70% 为宜。

2. 脂肪的需求

脂肪来源于动物食品和植物油。一般情况下,老年人体内脂肪会随着年龄增长而日益增加,即所谓的老年发胖现象。但脂肪过多容易引起心血管、肝脏等内脏器官病变,如血管硬化、血栓、脂肪肝等。因此,老年人应控制脂肪的摄入,最好选择豆油、花生油,少吃动物脂肪。但要注意不要限制过多,否则会影响脂溶性维生素的吸收。

3. 蛋白质的需求

与糖类和脂肪的需求不同,老年人体内蛋白质代谢以分解代谢为主,如果体内缺乏足够的蛋白质,就会出现乏力、体虚、抵抗力下降、体重减轻等症状。因此,老年人需要摄入充足的蛋白质来补充消耗,尤其是瘦肉、乳类、鱼虾和豆类所含的优质蛋白质。但是,对于长期患有结核病、严重贫血、尿毒症等疾病的老年人,则应控制蛋白质的摄入。

4. 矿物质的需求

矿物质(无机盐)是维持正常生理代谢必需的重要物质,其中钙、钠、钾、镁、磷、硫、氯等7种成为常量元素,而铁、碘、铜、锌等在人体内含量极低,因此称为微量元素。这些矿物质只能从食物中摄取的,而且氯化钠(食盐)还必须每天添加,但每天的食盐量应在控制在 10 克以内,患高血压、冠心病、肝硬化、急慢性肾炎的老年人应控制在 5 克左右。

5. 维生素的需求

尽管老年人所需的总热量减少,但维生素的供应不因年龄而变化。老年人每天都要有足够的维生素供给,才能满足生理代谢的需要。因此,老年人每天都应该吃一些容易消化、含维生素丰富的水果和蔬菜,必要时还应当适当补充维生素制剂,预防维生素缺乏症。同时,还应多晒太阳,多喝牛奶,以保障维生素 D 的供给。

此外,由于胃肠蠕动功能下降,老年人的食物还应适当增加粗粮和蔬菜的比重,以保证含有充足的纤维,有利于预防便秘和痔疮。

(二)老年人的饮食注意事项

老年人由于自身生理上的特点,决定了其饮食不可能像年轻人一样可以无所顾忌,而应当遵循均衡、适量和清淡的原则。

1. 均衡

老年人饮食的最佳目标是保证新陈代谢所需要的各种营养,维持正常健康的生理平衡,而不是最求高营养、高能量。因此,均衡、全面、适量是老年人饮食必须遵循的原则。在膳食搭配上,主餐应以谷类食物为主,适当搭配粗粮,常吃水果蔬菜和豆、奶制品,合理控制动物食品,少吃肥肉,不偏食。

2. 适量

老年人的饮食要有规律,定时用餐,避免过饱或过饿,少吃生冷食品。早餐宜吃高蛋白食品(如牛奶、蛋糕),中、晚餐不宜过多过饱,平时可以进食适量糕点和水果,保证营养均衡全面。进食时要细嚼慢咽,使食物容易吸收,并防止食物进入气管。

3. 清淡

老年人的饮食要以清淡为主,不能过咸,不要吃过于辛辣和刺激性强的食品,以免增加肠胃和心、肾的负担。同时,烹饪食物要做到软、细、透,对难于消化的肉类,可以做成肉末或肉丸,鸡蛋做成蛋羹,这样易于消化吸收。

4. 多喝水、少饮酒

适当多喝水有益于保持体内水分平衡,促进体内毒素排出,并且还有助于延缓皮肤衰老。因此,老年人不要等到口渴才喝水,平时也应当适当喝水。另外,喝茶对老年人的身心健康也很有好处。茶叶中含有多种维生素、茶多酚、咖啡碱等近 300 种物质,具有调节生理功能,发挥多方面的保健和药理作用。其中咖啡碱能使人兴奋、减轻疲劳,茶碱具有利尿作用,茶多酚和维生素 C 有活血化瘀防止动脉硬化的作用。因此,提倡老年人白天多饮淡茶水,但晚上不宜饮茶,以免兴奋后影响睡眠。

有的老年人有每天饮酒的习惯,认为这会改善血液循环。但是,饮酒对老年人的危害要比好处大,比如会刺激大脑神经并使之加快衰退,加重肝肾负担,增高血压等等,因此,老年人可以适量饮酒,但一定要严格控制酒量。

(三)老年人餐饮料理方法

1. 合理搭配一日三餐

根据老年人的生理特点及营养需求,老年人一日三餐食物量的比例最好为2:3:2,总的原则是早餐吃好,中餐吃饱,晚餐吃少。早餐要多吃些富含蛋白质的食物,如牛奶、豆浆、鸡蛋;中餐要有适量的肉类食品和一定量的蔬菜,以保证营养的全面供应;晚餐宜清淡少吃,晚上可以适当补充一些水果。

2. 采用恰当的烹饪方法

老年人的食物烹饪总的要求是要做得熟透、柔软,便于咀嚼和吞咽,因此烹饪时要根据原料采样恰当的烹饪方法,不能一味的追求菜的色、香、味。

常见的烹饪方法有煮、炖、蒸、炒和凉拌等。对于不同的原料,应采用既能保持最佳营养,又能让老年人方便食用的方法烹饪。如对于难熟的菜,宜采用煮、炖的方法;对于不便咀嚼的,应切碎后蒸、煮或炒;对蛋类,宜做成蛋羹或蛋花汤,便于消化吸收;对于生菜,要用开水漂一下或用凉开水浸泡一会后再加佐料凉拌,以达到消毒及洗去表面农药残留的目的;而对于从菜场买来的熟食(如卤肉),要进行二次消毒后再吃。

3. 根据季节调整食物搭配

春季气候转暖,气温变化较大,老年人容易感染各种疾病,因此应多配备各种新鲜蔬菜和水果,如小白菜、油菜、胡萝卜、南瓜、豆类、柑橘、红枣等,以及一些具有却病养生功效的野菜,如荠菜、鱼腥草、菊花脑等,让老年人摄取充足的维生素和矿物质,增强抵抗力。此外,还应适当吃一些补肝养血的食物,如鸡肝、鸭血等。对于消化不好的老年人,则可以用适量猪肝、菠菜、红枣、芝麻等与粳米一起熬粥。

夏季气温高,常出现消化力减弱、食欲不振现象,应适当增加清淡、易消化及清热消暑的食物,如绿豆稀饭、豆汤、莲子汤、冬瓜汤等,减少油腻食品,多配备一些凉性蔬菜,如苦瓜、丝瓜、黄瓜、西红柿、茄子、生菜等,做菜时适当加入一些姜,可帮助改善血液循环。同时,由于夏季体内水分流失较多,血黏度往往交稿,因此老年人应多饮水,特别是饮用保健茶(如菊花茶),既能及时补充水分,又可以达到解暑及提神的目的。

秋季天高气爽,空气较干燥,是一个收获的季节,食物丰富,因此最有条件选择新鲜可口的食物。这时应增加一些有健脑活血作用的食物,如核桃仁、鱼类、牛奶、鸡蛋、瘦肉、豆制品等,并多食糙米和一些无污染的野果,可以有效减轻"秋老虎"所带来的伤害。

到了冬季,口、鼻、皮肤等部位容易干燥,应多吃有润肺生津作用的食品,适当增加热性食物,如狗肉、牛肉、鸡肉、羊肉、豆制品、胡萝卜、葱、蒜、芥菜、油菜等,吃火锅是我国不少地方的冬季饮食习惯,但老年人应以清汤火锅为佳,不宜加入更多的作料和辣椒,以免引起内火加重。

总之,不同的季节,要根据当地的饮食习惯和时令菜,选择适合老年人的菜肴搭配和烹饪方法。

三、日常起居料理

由于肌体衰老,老年人行动不便,且年龄越大,生活起居越难自理,很多看似非常简单的动作,对老年人来讲都有可能潜藏着巨大的危险。因此,年纪越大的人,身边越是需要人照料。从起床穿衣到上下楼梯、甚至梳头洗澡等生活的方方面面,都需要人辅助。

(一)居家卫生与安全护理

1. 衣着卫生

(1)老年人的衣着要求。老年人一般都较沉着、持重,因此衣着要求舒适、大方、得体,方便穿着,不追赶时髦,颜色要素雅、庄重。内衣讲求吸汗、透气、柔软；外衣要求合体，并适当宽松，裤脚不宜过长过大，以不套住鞋帮为宜。鞋子要能够吸汗防滑，以平跟或后跟稍高为佳，室内最好穿布鞋。

（2）衣物穿着。老年人对气温变化的适应力较弱，且身体的抵抗力相对较低，因此，老年人的衣物要随着气温的变化随时增减。夏天穿单衣，但不宜太薄，寒冬穿棉、毛衣物，注意腰、腹及关节的保暖，但不宜太厚太重。外出时，要随身携带备用衣服，以防天气变化时增添。

（3）衣物洗涤。老年人容易出汗，内衣汗湿后应及时更换，既讲卫生又防感冒和风湿。对行动不便的老年人，要主动帮助他勤换勤洗，便溺老人的衣裤还要经常放到太阳下暴晒消毒，以免滋生细菌。

2. 个人卫生护理

（1）帮助老年人洗脸刷牙。老年人行动较迟缓，护理人员应主动为他准备洗漱用品和用具。早上起床后或晚上睡觉前，都应该主动为老年人准备好牙刷、牙膏、香皂、毛巾和热水。若老人行动不便，则应先搀扶老人安稳的坐下后，再用盆打热水到老人跟前，帮老人轻轻擦洗脸部，然后帮助老人清洁口腔。

清洁口腔的办法是：让老人靠在沙发（或椅子）上，张开嘴，然后用筷子轻压舌头，用镊子夹住消毒棉球或用棉签沾生理盐水（温开水加少许食盐），由内向外，沿牙齿的纵向擦净牙齿内外两侧及口腔四周，然后让两人用温开水漱口2～3次。若老人安装有假牙，应帮老人取下，用温开水清洗干净再戴上。

（2）帮老人洗头梳头。帮老年人洗头时，要让老年人的头部向前倾，胸部靠在软和的枕头或衣物上，用毛巾沾温水轻轻从头上淋湿，再加洗头膏轻轻揉搓，然后用清水洗净，用暖风机吹干头发。洗头时注意保持室内温暖，避免风吹；洗头的时间不宜过长，头不能向后仰，也不能过于转动，以免压迫颈部导致大脑供血不足，引起头晕、眼花甚至诱发中风。

老年人容易脱发,因此为老年人梳头时应使用秃齿的木梳轻轻向后梳。经常梳头可以对头皮起到按摩作用,有利于改善血液循环,预防中风。

(3)帮老年人洗澡。老年人洗澡宜采用盆浴方式。现将洗澡间温度调整到 30 度左右,然后将 37 度左右的热水放到浴盆的四分之三左右,旁边放一块防滑垫,将清洁衣裤、毛巾、香皂等用品放在浴盆旁容易拿到的地方,然后招呼老人入室洗浴。

老人洗澡不宜在饭前或饭后进行,不宜采取淋浴,室内温度不宜太高,并应保持空气适度流通,防止闷热晕倒。洗澡时间不宜过长,房门不要上锁,最好能有子女在身边照料,以防发生意外。

如果是行动极其不便的高龄老人,不宜洗澡,应让老人躺在垫有大毛巾的床上,用柔软的温湿毛巾擦身。擦洗时应从头到脚,从背面到腹部。擦洗完后及时穿好衣服,整理床铺。

老年人体力较弱,不宜过多洗澡,否则皮肤会变得干燥,容易脱屑,甚至会发生裂纹或引起瘙痒。

3. 用品、用具卫生

老年人所使用的杯子,时间长了会有结垢,应该定期使用毛刷和洗洁精清楚污垢;洗脸、擦身的毛巾也要经常用香皂搓洗干净。对于高龄或体弱多病的老年人,常常需要使用痰盂、小便器等卫生用具,这些用具往往会沾附较多的病原体,因此一定要单独放置,并随时清洗消毒,可使用 2% 漂白粉或 5% 来苏儿溶液浸泡后用刷子冲洗干净。同时,也要注意清洗消毒卫生用具后用肥皂洗净自己的双手。

4. 安全防护

老年人居家生活要特别注意安全,服务人员要随时检查并排除以下几个方面的安全隐患。

(1)不要在过道上摆放障碍物,以防老年人绊倒。

（2）厨房、厕所等容易沾水的地方要做好防滑处理，最好在地板上放防滑垫，并在厕所便池旁边安放一个一个牢固的把手。

（3）时常注意老年人使用的座椅等家具是否牢靠，对于松动或大小、高低不合适的家具要及时更换。

（4）防止老年人久坐或久站。老年人血管弹性降低，血液回流较慢，久坐或久站后突然改变姿势往往会导致大脑供血不足，出现头昏、眼花、耳鸣甚至昏倒的不良后果。若坐的时间较长，起立时一定要缓慢，并稍站一会后再走动。向下弯腰时也要缓慢，避免脑部血压突然增高。

（5）防止老年人遇事过于激动，以防血压突然升高导致脑溢血和突发心脏病等严重后果。若与人闹矛盾，应及时劝开并给予安慰，看电视剧或与人交谈激动时应适当转移他的注意力，使他冷静下来。

（6）不要让老年人熬夜打牌或搓麻将，否则容易因过度疲惫而发生意外。特别是患有高血压的老年人，熬夜搓麻将会增加脑溢血和中风的危险。

（二）体育锻炼与外出护理

1. 体育锻炼

坚持参加适当的体育活动可以改善肌体功能，增强抵抗力，并使人精神愉快，延缓衰老。因此，只要条件允许，就应该动员并照顾老年人参加一些适合的体育锻炼和娱乐活动。

（1）根据老年人的身体健康状况和运动承受能力选择合适的锻炼方式，一般以缓慢轻柔的运动项目为佳，如散步、练习气功、打太极拳、老年舞蹈，以及老年健身操等，不要做剧烈的运动，以防骨骼和肌肉损伤。

（2）选择合适的锻炼时间。夏天应在清晨和傍晚，避免气温过高和太阳直晒，冬季应选择晴天上午9点以后，天气较为暖和时外出锻炼。地点应选择离家较近的公园、体育场或娱乐场馆，每次锻炼的时间不宜过长,一般以半小时到 1 小时为宜。

(3)要做好运动前的准备。比如选择合适的衣物鞋帽,运动前不要太饱或太饿,要随身携带矿泉水或淡茶水、饮料、干粮,以及毛巾、雨伞、拐杖等物品,高龄老人外出还必须针对健康状况携带急救药品,以防发生意外。

(4)随时留意运动过程中的安全。注意不要让老年人太兴奋,若感觉疲倦时要适当休息,补充水分,感觉心慌乏力时应立即补充糖分(饮料和干粮),出汗后要及时擦干并加衣保暖,避免受凉。若发现脸色苍白、冒虚汗、头晕等异常情况,应及时停止锻炼并送回家中休息。

2. 外出陪护

老年人外出时,陪护人员一定要紧紧跟随,并特别注意路上的安全,并注意以下事项。

(1)首先弄清老年人外出的目的,以便有针对性的携带必要的东西,计划好出行线路,做好防晒、防雨、防滑和保暖准备。如外出就医,就要问清楚情况,携带相关的证件和病理;若走亲访友,最好事先与对方取得联系。

(2)随时注意交通安全,行走一定要缓慢,切忌慌张。路上应当少与老年人说话,以免分散注意力。对行走不便、腿脚不灵的老人,要做好搀扶工作。

(3)乘车时应坐(站)在老年人的旁边,防止晃动时碰伤或摔倒。

(4)到达目的地后,主动为老年人做事。如到医院就诊,应先让老年人找地方坐下,然后去为他挂号、付款、取药等,并帮助老人向医生介绍近期起居、饮食及病情,仔细记下医生的嘱咐,若有特殊情况,要及时与相关人员联系。

(三)睡眠护理

老年人睡眠时间减少,而且常出现睡不安稳、容易醒来等情况,导致白天精神萎靡,烦躁不安,对身体健康造成不利影响。因此,老年人的睡眠调理非常重要。

1. 合理安排睡眠时间

老年人睡眠时间减少是正常的生理现象,只要能保证一天睡眠6~8小时,就不会对身体健康造成不良影响,因此不必为此产生心理负担。相反,若睡眠时间过长,则反而会引起生理机能紊乱。因此,不要因为睡眠减少就强制睡眠,没有睡意时不要躺到床上,也不要贪图睡眠。

2. 睡前调理

睡前调理是保证睡眠质量的重要环节,包括以下几个方面:

(1)晚上不要饮浓茶、咖啡,避免神经处于兴奋状态。

(2)晚餐不要吃得太饱,睡前2小时不要吃东西,但要适时喝水。

(3)少与老年人讨论问题,让他减少杂念,稳定情绪,使心情安定下来。

(4)睡前用温开水泡脚,并适当按摩脚心,以改善脚底血液循环。

(5)老年人夜尿多,应提醒睡前排便。若夜间老年人上厕所不方便,应在老年人的卧室摆放一个小便器。

(6)老年人的眼镜、拐杖等应放在床头附近容易拿到的地方,方便夜间起来时使用。

3. 入睡后的护理

(1)检查窗帘是否拉上,窗户是否留有通风口,以及铺盖是否盖好。

(2)冬天应将电热毯插头拔掉,关闭空调,或应将空调风力调小,风向朝上。

(3)尽量保持安静。

4. 起床前的保健

每天早晨醒来后,不要急于下床,以免脑部供血不足引起昏厥。应在醒后保持仰卧,然后做几个简单动作,再缓慢下床。这些小小的保健动作对改善老年人的精神状态,维护老年人的健康起着不可低估的作用,要提醒老年人长期坚持。

(1)搓脸。用双手顺鼻梁两侧揉搓到额头,再向两侧分开,反复多次,有利于改善面部血液循环,增强抗风寒的能力,还有醒脑和改善容颜的效果。

(2)转动眼球。上下左右各转动多次,能提高视神经的灵敏性,改善视力。

(3)叩齿。轻闭嘴唇,上下牙齿互相叩击,并适当转动舌头,能促进口腔和牙龈的血液循环,增加唾液分泌,改善咀嚼功能。

(4)深呼吸。平卧,伸直双腿,做腹式深呼吸。吸气时,腹部有力地向上挺起,呼气时松下。

(5)提肛。两腿并拢,反复提肛(收紧肛门)10次以上,可改善肛周血液循环,预防脱肛、痔疮、便秘。

四、老年人心理健康护理

前面已经讲到,老年人往往有各种各样的心理负担和不良情绪,并因此为老年生活蒙上了一层阴影。面对枯燥的老年生活,老年人非常希望获得别人的心理安慰。因此,陪护人员除了要做好常规的生活护理之外,还应当做到帮助老年人缓解心理压力,减轻心理负担,使老年人能够愉快地生活。为此,家政服务员应当具备揣摩老年人的心理,并善于排解忧愁的能力。

(一)老年人不良心理原因分析

一般来说,老年人受身体衰老的影响,反应迟钝、记忆力衰退等是属于十分正常的现象,不属于不良心理。我们这里所说的不良心理,主要是指郁闷、烦躁、莫名其妙的忧伤和情绪异常。

要帮助老年人排解不良心理负担,就必须要先知道引起这些心理负担的原因,否则你所做的就有可能适得其反。因此,要善于揣摩老年人的心思,分析他为什么会感到郁闷、忧伤或者烦躁,才有可能采取有针对性的措施予以排解。分析引起老年人不良心理原因的方法有很多,下面介绍几种常用办法,家政服务员可以在实践中灵活应用,找到适合自己的方法。

1. 处境分析法

即通过分析老年人的处境,从而揣摩引起老年人心理不安的原因。

通常情况下,以下几种情况会引起老年人心理异常:

(1)与子女之间不融洽。有的是性格差距太大,互相反感,导致长期不和;有的是子女单方面的原因,如离家太远,工作事业不顺心等,长时间不愿和老人联系沟通;还有的可能因为财产纠葛、婆媳矛盾等等。这些问题长时间压在老年人心中,极易使其郁闷、消沉,甚至失望。

(2)居住环境不佳。如居住区缺乏老年人活动的场所,长时间居住在吵闹、污浊的环境里等等,使老年人感觉到生活压抑,或者心烦意乱,情绪多变。

(3)来自单位或邻居的影响。如退休后与单位的联系太少,总感觉单位对他不公,邻居对他不友好等等。

(4)经济因素。如无子女或者子女不愿(不能)提供足够的老年生活费用,没有足够的储蓄,得不到充足的养老补贴等等,使老年人感到生活及医疗都没有保障,心中不安、焦虑。

(5)其他环境因素。如受一些社会上发生的事情感染,看到别的老年人去世等等,会让他的心理受到压抑,产生凄凉、忧伤等情感。

2. 谈话法

有时,老年人常常莫名其妙地出现一些不好的情绪,这时,你先不要急于劝导,可以让他先发泄出来,并在这个过程中主动接话,抓住机会和他交谈,就可以从谈话中捕捉到一些蛛丝马迹,进而揣测是什么原因引起了他的情绪变化。

如果老年人长时间沉默不语,或者郁郁寡欢,你可以尝试主动找一些话题与他交谈,比如给他讲一些新鲜事,引诱老年人说话,然后进一步与他谈心,他就会将心中的苦闷说出来。

3. 前因分析法

即从发生不良情绪之前所发生的事情中寻找原因。比如,如果一个人平时一贯乐观开朗,生病后就出现情绪异常,则这种异常情绪多半是由于对疾病的担忧引起的。因为老年人一旦得病,就往往会想到生命的脆弱,因而产生对疾病的担忧,甚至对死亡的恐惧。

(二)老年人心理健康护理方法

1. 排解老年人的不良心理负担

(1)认真倾听老年人的谈话。老年人心中不高兴时,总喜欢唠唠叨叨地说个不停,如果你对他表现得不耐烦甚至避开,往往会加重他的情绪。这时,往往需要陪护人员有足够的耐心,恭恭敬敬地听他诉说,不要顶嘴,并不时点头,让他发泄完心中的不快,心情就会轻松下来。

如果老年人心中苦闷却又不愿意向你诉说,你就应当尝试向老年人提出邀请他的好友到家里来,或提议陪他到朋友家里去走走,找一个他最信赖或谈得来的人,让他倾诉心中的感受,舒展情怀,就可以大大减轻心理负担。

如果发现老年人长时间压抑苦闷,还可以多带老年人出去走走,一边呼吸新鲜空气,看看风景,一边多和他谈心解闷。当然,这还需要家政服务员首先和老年人建立一定的感情,只要你平时做事认真踏实,对他多关心、多照顾,老年人自然就会对你信任,甚至会产生感情上的依赖,有助于你更好更顺利地完成服务工作。

（2）主动安慰和劝导老年人。只要老年人不是性情暴躁的人，在他遇到事情心情压抑、苦闷或烦躁的时候，你都可以主动的劝他想开一点，有针对性地给予解释和安慰，并鼓励老人以乐观开朗的态度面对人的生老病死，以及人世间的各种矛盾和沧桑。若是因子女对他关心不够，就可以劝他多为子女的前途着想，多支持子女干事业。

（3）转移老年人的情感。老年人之所以会因为某些事情生气或苦闷，往往是因为他对这些事情的情感太专注或太投入。如果能分散他的注意力，甚至把他的感情恰当地转移到能够使他高兴或者得到满足的其他事情上来，就能有效地分解他的痛苦。例如，当他成天在家中为某件无法解决的事情郁闷时，你可以考虑让他的孙孙与他多接触，使他的感情转移到他的亲人身上，就能淡化忧伤和焦虑。

（4）帮助老年人化解矛盾。有时，老年人情绪不稳定，做出一些伤害家人和邻居的事情，可事后又后悔。这种情况下，家政服务员可以主动代老人向对方致歉，并沟通大家的想法，化解矛盾，让老年人不要再为此背负思想包袱，轻松生活。在化解矛盾的过程中，注意自己不要偏向任何一方，否则有可能导致矛盾激化，甚至把矛盾引到自己身上，不利于问题的解决。

2. 不良心理的预防

（1）营造和睦的家庭气氛。在家庭生活中，父（母）子（女）之间、夫妻之间的融洽和睦是幸福生活最重要的保证，家政服务员应在营造和睦家庭气氛中起到积极作用。比如多与家庭成员沟通，提醒子女为老人过生日，多向老人问安等等，同时还要对家庭成员之间出现的小隔阂及时化解，在家庭成员之间寻找轻松愉快的话题，主动融入老年人的家庭生活，使一家人随时处在愉快、祥和的气氛当中。

（2）让老年人的精神生活多样化。郁闷、烦躁等心理现象，很多时候与单调的生活有关。如果老年人的生活长时间局限于看电视、吃饭、睡觉，缺少新鲜生活刺激，就会使大脑处于抑制状态，有时甚至会让老年人沉浸在过去的悲伤当中，加重心理负担。要改变这种状况，就需要家政服务员善于为老年人安排较为丰富的精神生活，如每天为老年人购买报纸来阅读，适时带老年人参加社区的各种活动(如老年舞会等)，以及多到老年活动场馆(如老年茶馆、社区老年活动室)等等。现代城市的老年活动场所越来越多，只要你留意，就能够找到适合老年人活动的场所和方式。

(3)让老年人适当做一些力所能及的事情。对于住家的家政服务员，往往会想到家务活都是自己应该干的，老年人自己做家务活是自己会觉得心中不安。其实，让老年人适当做点力所能及的事情也是照料老年人的需要，因为这样既可以让他适当的锻炼身体，又能使其感到生活充实。当然，对老年人有危险的事情不能让他做。

(4)凡事尽可能顺着老人。老年人自尊心很强，有的虽然人老心理却不认老、不服输，特别是一贯个性很强的人，喜欢我行我素，又很反感别人和他顶嘴。因此，照料老年人的家政服务员，除了要具备良好的服务态度以外，还必须有较强的忍耐力。只要老年人说话做事没有大碍，就可以尽量顺着他的意思，让他高兴。当然，若老年人坚持的事有可能造成严重后果，就要想方设法尽可能巧妙地予以阻止。

五、突发情况的应急处理

老年人处于生命的衰退期，身体状况会越来越差，随时都有发生意外的可能。因此，要随时都有思想准备，若出现意外，要冷静处理，不要慌张，否则有可能会使情况更为严重。

(一)身体发热时的应急处理

若老年人出现全身发烫，额头冒汗，应采取以下方法处理：

（1）让老人平躺在床上，适当打开门窗通风。

（2）解开老年人胸前的扣子，用干毛巾擦干脸上和身上的汗水。

（3）用冷毛巾敷头部，或用医用酒精擦额头、脸、手心等部位降温。

（4）若出汗太多应让老年人喝温开水（温度可以偏低一点）或糖水。

（5）及时送医院诊治。

（二）突发性晕倒的紧急处理

如果发生突然晕倒，不要慌张地急忙扶他起来，而要根据情况先判断是否是脑溢血、中风等高危险疾病。

如果晕倒后说话仍然清醒，则有可能是一般性的脑供血不足导致的头昏摔倒。比如久坐后突然起身，大脑出现暂时性缺血就会头晕。这时只要缓慢地扶老年人坐起来休息一下，轻轻按摩一下头部及腿部，然后再起立。

如果在走动或情绪激动的情况下突然晕倒，并伴有呕吐、神志不清的情况，则有可能发生中风；如果突然晕倒后处于昏迷状态（闭眼、不能不说话），则有可能是脑溢血。遇到这两类情况时就要冷静地采取以下措施处理：

（1）立即打120急救电话。

（2）让老年人平卧地上，不能摇晃、震动或转动病人头部，更不要扶他起来。

（3）若发现呼吸停止，应就地进行胸部按压和人工呼吸。

（4）如果呕吐，应将头部转向一侧，将口腔中呕吐物清除，以免引起窒息。

（5）等待救护车到后送医院救治。

（三）突发性休克的应急处理

休克主要表现为血压降低，脉搏微弱，面色苍白，反应迟钝，手足冰凉,甚至昏迷。若不及时抢救,就有可能危及生命。

应急处理办法是:

(1)让病人平卧,下肢稍微垫高一点,以利于血液回流。

(2)清除口、鼻分泌物及呕吐物,松开衣领和裤带,便于呼吸。

(3)盖上被窝或增加衣服保暖,尽量让老年人安静。

(4)神志清楚并且消化道正常者者,可以给他喝一点热饮料(如姜汤)。

(5)待症状减轻后送医院诊治。

(四)骨折紧急处理

老年人容易发生骨质疏松,加上下肢力量降低,一旦发生摔倒或磕碰,容易发生骨折。初步判断是否发生骨折主要是看受伤的部位是否持续剧烈疼痛。

一旦发生骨折,千万不要活动已骨折的肢体,让受伤部位固定不动,然后尽快送医院。若骨折部位出血肿胀,可用冷毛巾敷。送医院过程中要尽量护住骨折部位不动。

第十一章　照料病人

　　病人在住院治疗和居家恢复疗养期间,家属及护理人员的照料对提高治疗效果与顺利康复十分重要。这是因为,病人正常的组织器官和生理机能受到不同程度的破坏后,饮食、起居等受到极大的限制,需要有人协助;同时,心理也十分脆弱,需要得到他人的抚慰。

　　普通家政服务人员由于缺乏专业的医疗护理知识,因此不可能从事专业的医疗护理,而只能是帮助病人接受治疗,观察病情变化并及时与医生及病人家属沟通,以及照料病人的饮食起居。这一点在家政服务人员照料病人时就应当要与病人家属(或委托人)明确,以免在照料过程中出现不必要的麻烦。

　　通常情况下,家政服务员照料病人的主要工作包括三个方面:病情观察、饮食料理和起居料理。病情观察包括观察病人在治疗与康复期间的体温、呼吸、脉搏、皮肤、眼球、呕吐物及大便的颜色等,发现异常及时向家属及医生报告,并采取适当的料理措施以利于治疗或康复;饮食护理主要是根据病情变化调整饮食,控制饮食量和进食时间;起居料理主要包括病人的清洁卫生、活动及睡眠护理等。

一、病情观察

　　病人由于受到病原侵害,身体各部位及精神面貌都有可能出现不正常的状态。病人发病时表现的症状有很多,症状的类型、发病程度等会因致病的原因(病因)、病人的年龄与体质、环境条件等有所不同。有时病因相同,但表现的症状有差异;有时同一个症状可能存在不同的病因。因此,仔细观察病人发病过程中表现的症状,并向医生准确的描述,对病情的诊断和治疗是非常重要的。同时,也便于采取恰当的护理措施,帮助病人提高治疗效果,促进康复。

通常情况下,病情观察主要包括精神状态、身体外形和生命体征三个方面的观察。护理病人时,对观察到的病情,家政服务员最好将病情表现出来的症状及其出现的时间和环境条件都记录下来,方便病人家属及医生了解详细情况。

(一)精神状态观察

主要观察病人说话、眼神、行动、睡眠时的表现和脾气,病人常常出现的异常精神状态有以下几个方面:

(1)说话时答非所问、语无伦次、自言自语甚至胡言乱语等。

(2)眼神呆滞、反应迟钝、整天昏昏沉沉、有气无力。

(3)行为异常、神志错乱,比如乱捡东西吃、自残等危险行为。

(4)容易激动、脾气暴躁、烦躁不安。

(5)睡眠不安稳、说梦话、嗜睡等睡眠不正常。

(6)长时间昏迷甚至处于无意识状态。

若病人在治疗过程中新出现以上情况,则有可能是病情加重的表现,护理人员应及时报告病人家属或医生。

(二)身体外形观察

有多种疾病会引起病人身体外表出现异常情况,如皮肤颜色、形状、体表分泌物、排泄物等。常见的身体异常情况如下:

(1)皮肤发黄、发红或发青发紫,嘴唇发乌等。

(2)体表出现肿胀、包块、裂口、渗血、溃烂等。

(3)出汗较多、汗液异味。

(4)大便干硬、发黑、拉稀、便中带血等。

(5)小便发黄、发红(带血)等。

(三)生命体征观察

病人生病后引起生理代谢不正常,从而会引起体温、脉搏、呼吸等生命体征出现异常。生命体征是反映病害程度的重要指标，因此常常需要密切监视。

1. 体温观测

正常情况下，人体腋下温度为 36 ~ 37℃，口腔为 36.3 ~ 37.2℃，肛门为 36.5 ~ 37.7℃，体温高于或低于以上范围都是体温异常。

（1）体温异常的表现

发热：体温高于正常范围称为发热（发烧）。以腋下温度为例，超过 37℃ 即为发热，达到 39℃ 以上即为高热（高烧）。发热病人往往会表现出全身疲乏、脸颊红胀、嘴唇干燥、呼吸急促、心跳加快、昏睡、怕冷、打摆子、出汗（退热期）等症状。根据病人体温的变化情况，发热又可分为持续性发热（发热持续数天）、间断性发热（体温在发热与正常之间反复波动）和没有规律的发热（持续时间不确定）等类型。

体温过低：体温低于正常范围即为体温过低，当口腔温度低于 35℃ 时称为体温不升，多见于早产儿或身体衰竭的危重病人。体温过低病人往往会表现出脸色苍白、皮肤冰冷、嘴唇和耳垂发紫、身体颤抖、心跳和呼吸减慢、尿量减少、意识模糊甚至昏迷等症状，需要密切监护。

（2）体温测量方法

当病人出现体温异常症状或在治疗和康复过程中医生要求测量体温时，护理人员应当定期测量和记录，以便医生掌握病人体温的变化情况。一般轻度发热病人可以每天早、中、晚各测量一次，高热病人每 4 小时测量一次，服用退热药或采取物理降温方法后半小时测量一次可观察治疗效果。常用测量方法如下：

腋下测量法：使用水银体温计或电子体温计测量病人腋下温度。家庭常用水银体温计，使用方法是先检查体温计玻璃管是否完好无损，然后握紧体温计上端，轻摔体温计，使水银柱降到 35℃

以下,再用小毛巾将病人腋下汗液擦干,协助病人夹紧体温计水银端,待 10 分钟左右取出读数。腋下测量法简便易行,但不适用于腋下有创伤、手术、炎症、腋下汗多,以及肩关节受伤或身体消瘦夹不紧体温计的病人。

口腔测量法:检查体温计完好无损并且水银柱在 35℃ 以下,将体温计水银插入病人舌下,并要求病人闭嘴,3 分钟后取出读数。口腔测量法存在咬破玻璃管后引起汞中毒的危险,因此,此法不能用于婴幼儿、昏迷、精神异常、有口腔疾病,或者动过口鼻手术和有张口呼吸习惯的病人。

直肠测量法:让病人侧卧或俯卧,将体温计水银端轻轻插入肛门 3 ~ 4 厘米,并固定不动,3 分钟后取出读数。此法不能用于动过直肠或肛门手术以及患腹泻和心肌梗死的病人。

注意,无论用何种方法,体温计最好专人专用,且使用前、后都用消毒纱布擦拭干净,使用过程中严防玻璃管破损,用后应妥善保管体温计。若病人不慎咬破体温计时,应立即吐出碎玻璃,用清水清洗口腔后,再服用蛋白水(鸡蛋清加水调匀)或牛奶,然后送医院检查。

2. 脉搏观测

健康成人在安静状态下的脉搏为 60 ~ 100 次/分钟,儿童约 90 次/分钟,新生儿约 140 次/分钟,且搏动均匀。成人脉搏超过 100 次/分钟为心动过速,低于 60 次/分钟为心动过缓。

脉搏观测方法:将病人手臂放平,用食指和中指触摸病人手腕内侧,触到动脉处,用普通手表计时 1 ~ 2 分钟,数病人动脉跳动的次数,计算每分钟的脉动,并感觉跳动是否均匀。若手指轻轻触摸就能感到动脉跳动,说明脉动较强(浮脉),若稍微用力按下才能感到脉动,说明脉动强度正常,若要用力按压才能感觉到脉动,说明脉搏较弱。

脉搏过快或过缓、过强或过弱,以及脉动或快或慢等,都属于脉搏异常现象。

3. 呼吸观测

正常人的呼吸均匀无声,一般每分钟呼吸次数在 16～20 次/分钟。呼吸快慢和深浅与年龄、性别,活动、情绪等有关。一般幼儿比成人快,女性比男性稍快,老人较年轻人稍慢,运动和情绪激动时比休息和睡眠时快。呼吸频率超过 24 次/分就是呼吸过速,呼吸频率低于 10 次/分就是呼吸过慢。

呼吸观测方法:计时观察病人胸部起伏次数,计算每分钟的呼吸次数,同时留意胸部起伏是否均匀,呼吸时是否有杂音,特别要留意是否有或快或慢甚至呼吸暂时停止的现象,并作记录。

4. 血压测量

血压是血液对血管壁的侧压力。当心室收缩时,主动脉的血液对动脉管壁所形成的最大压力称为收缩压;当心室舒张时,血液对血管壁产生的最低压力称为舒张压。正常成人在安静状态下,收缩压为 90～139mmHg(毫米汞柱),舒张压为 60～89mmHg,收缩压与舒张压的差值为 30～40mmHg。若收缩压大于或等于 140mmHg 或舒张压大于或等于 90mmHg 为高血压,收缩压小于 90mmHg 或舒张压小于 60mmHg 为低血压。对于高血压及危重病人,应定时测量血压。

测量血压的仪器有电子血压计和水银血压计。电子血压计使用较为简单,只要按照说明书操作即可。下面介绍水银血压计的使用方法:

(1)将病人的一只袖子挽至肩部,手臂平放在桌台上,手掌向上。

(2)放平血压计,压尽袖带内空气,平整地缠在肘弯部位,松紧适度。

(3)两耳戴上听诊器,将听诊器末端放置在肘窝肱动脉搏动处,关闭气门,握住打气球向袖带内打气,同时听动脉搏动声音并观察血压计汞柱升高情况,在听不到肱动脉搏动音后,继续打气,使水银柱再升高约 20mmHg,然后慢慢松开气门,使汞柱缓慢下降,并注意汞柱的高度。听到第一声动脉搏动的声音时贡柱所指的刻度即为收缩压,搏动声突然变低或消失时,所指刻度即为舒张压。

血压计使用完毕后,应缓慢盖上,并平放保存,切勿倒置或震动。

二、病人的饮食料理

饮食与人的身体健康直接相关,不良的饮食甚至会直接引发某些疾病。对于病人而言,由于生理机能已经受到不同程度的侵害,食物的消化和吸收功能受到影响,因此饮食不同于常人,且有些病情对饮食还有特殊要求。饮食得当,可以促进病情好转,饮食不当,可能会导致治疗效果减弱甚至加重病情。因此,照料病人时一定要针对病情调理病人饮食,做到既有利于病人的治疗和康复,又能保障病人所需要的营养。

(一)病人饮食的基本要求

1. 消化和吸收

病人的消化吸收功能普遍较弱,在治疗期间应以流质(如营养液、牛奶等)和半流质食品(如稀饭)等便于消化吸收和保养肠胃的食物为主,忌食油炸、辛辣及生冷坚硬食品等不利于消化和对肠胃有刺激的食物。

2. 饮食禁忌

有些疾病对饮食非常敏感,需要特别注意饮食禁忌,防止因食物加重病情。部分疾病的饮食禁忌如下:

(1)糖尿病人禁食含糖量高的食品和饮料,严禁饮酒。

(2)痛风与高尿酸病人忌食高嘌呤食物,如动物内脏(肝、肾、脑、胰等)、海鲜、鳝鱼、黄豆等。

（3）肝病、心脏病及高血压、高血脂病人忌食辛辣、高盐食品和酒类,少吃高脂肪食品(如肥肉)。

（4）胃、肠疾病忌食辣、酸、硬及胀气食物,不宜饮浓茶和酒类。

（5）腹泻病人不宜吃油腻食品,痢疾病人不宜喝牛奶。

（6）手术后病人忌食胀气食品(如牛奶、饮料等),禁止饮酒。

（7）咳嗽病人应忌酒忌烟。

3. 少吃多餐

暴饮暴食容易导致肠胃及心血管系统负担过重,甚至引发急性肠胃炎、急性胰腺炎等疾病。因此,应合理控制病人的饮食量,少吃多餐。

4. 用药与饮食

有的药物对餐饮有一定要求,要严格按照遗嘱安排病人的用药与进餐时间,以免引起副作用或降低疗效。

在病人治疗期间,要根据治疗和用药的要求合理安排别人的饮食种类和时间,如要求空腹、饭前、饭后服药的,要掌握好病人进食时间。空腹是指胃和小肠内食物很少的时候,如早上起床后到吃早餐之前,这时服药后药物不会受到食物的干扰,吸收快,一般适用于对肠胃刺激性小的药物。饭前服药一般在饭前30分钟,这样食物对药物的干扰较小,有利于更好地发挥疗效,如健胃药等。饭后服药主要针对刺激性较强的药物,可以使药物与食物混合,减轻刺激,如阿司匹林等。服用药物后,一般不宜喝浓茶、果汁等饮料,以免减低药效。另外,有些药物对病人的饮食还有特殊要求,在照顾病人服药时要特别留意,以免食物和药物发生化学反应而产生毒副作用。

（二）病人饮食的配制

1. 病人饮食的类型

病人的饮食俗称病号饭,包括普通饮食、软质饮食、半流质饮食、流质饮食和特殊饮食。

（1）普通饮食。是指饭菜的质地、软硬等与健康人的正常饮食基本相同，而菜的作料偏少，如清炒（清炖），不加辣椒，少盐等。适合于病情较轻，或病情已有明显好转，肠胃功能基本正常的病人。普通饮食营养较为全面和充足，可以和正常人一样实行一日三餐。

（2）软质饮食。又称为软饭，是在煮饭做菜时多加一点水，烹饪时间稍长，将饭菜煮透煮烂，因此饭菜质地比普通饮食偏软，更容易咀嚼和消化。适合于恢复期病人、老幼病人和有低热或发热刚退的病人。

（3）半流质饮食。是将一种或多种食物混合做成含水量较高的稀稠状食品，如青菜肉末稀饭、面条、鸡蛋羹、豆腐脑等。一般适用于发热、手术后、口腔疾病、消化不良的病人。半流质食品易于咀嚼及吞咽，纤维素含量少，消化时间比普通饮食快，因此可以少食多餐。

（4）流质饮食。是本身呈液态，或是将营养物质加入水中做成的液态食品，如米糊、面糊、牛奶、豆浆、米汤、肉汁、菜汤、果汁等。适合于病情较为严重，吞咽困难，肠胃功能较差的病人。由于液态食物本身所含的营养物质较少，消化吸收快，因此应增加喂食次数，减少间隔时间，一般可以每隔 2~3 小时喂食一次，每次不宜吃得太多，以 200 毫升为宜。

（5）特殊饮食。是为某些特殊病人配置的饮食，即根据病情和治疗（康复）需要，在饮食中人为添加或减少某些物质。如糖尿病人的低糖饮食（如低糖饼干）等。

此外，还有一种特殊饮食是为了进行病情检查而使用的，如为了诊断胃肠道有无出血的潜血试验饮食，胆囊造影饮食等，这类饮食需要在医生的指导下制作和使用。

2. 病人饮食制作

(1)普通饮食的配制

普通饮食的做法与正常人的饭菜基本相同。配制时注意以下几点：

①饮食搭配全面均衡，即有主食又有副食既有荤菜又有素材，但高脂肪食物应比健康人饮食少，适当增加高蛋白食品。

②饭菜不宜做得太硬。

③合理使用调料，尽量做到色香味俱全，以提高病人胃口，但不宜做得过于味重，蔬菜宜清炒。

(2)软质饮食的配制

软质饮食(软饭)是介于普通饮食和半流质之间的一种软食，与正常饭菜接近，只不过要选少渣、更易咀嚼食物原料。烹制时注意以下几点：

①做饭时要稍微多放一点水，使米饭煮烂变软。

②菜的选择：肉要少筋，切成小片；蔬菜切成小段，炒软；水果去皮，切成小块。禁用油煎炸食物和凉拌菜；坚硬食物如花生仁、杏仁等，宜磨碎成酱使用。

③避免使用刺激性强的调味品和佐料，如辣椒、胡椒等。

(3)半流质饮食的配制

食品呈较浓稠的液态，常见加工方法如下：

①选用不含粗纤维的食物原料，如大米、菜叶、肉末等，加入较多的水熬成粥(稀饭)。

②各类面食，如鸡蛋面、荞麦面等，放入开水中煮透，可加入少许切碎的菜叶、西红柿等同煮。

(4)流质饮食的配制

将食物原料加工成液体状态。制作方法如下：

①选用优质的动物肉，如瘦猪肉、牛肉、鱼肉等，适当加一点蔬菜，不加调料，用微火熬汤，滤去肉渣，让病人喝汤。

②选择优质的坚硬食物,如炒熟的大米、花生米、核桃仁等,磨成粉末,用开水冲泡呈糊状。

③选用已有的制成品,如牛奶等。

(三)帮助病人进食

1. 协助病人用餐

把病人从床上扶起,将棉被或枕头放在病人背后支撑腰部,让病人保留坐姿,然后用小盆盛温水给病人洗手,胸前放一张餐巾,然后协助病人用餐。

2. 给病人喂食

对于不能起床坐立的病人,须由护理人员进行喂食。方法是先将枕头垫高,或扶持病人侧向一面,然后用湿毛巾擦干净口鼻,胸前垫一张餐巾,用小勺向别人口中送食物。注意喂食时要让病人有心理准备,以便及时咀嚼和吞咽,防止食物误入气管。

三、病人的起居料理

(一)病人卧室料理

1. 病人卧室的布置

(1)病人房间最好选择南北向开窗,避免阳光直射入房间;窗帘可以采用双层的,便于调节光线,保持房间明亮柔和。

(2)病人房间应适时开窗通风换气,保持空气清新。

(3)室内温度应相对稳定,尽可能保持在 20 度左右。若使用空调,气流不要对着病床。

(4)房间要经常打扫,随时保持清洁,若有条件,可适时喷洒消毒药水。

(5)病人用过的东西要及时拿出房间清洗消毒,以免对其他物品造成污染。

(6)房间内不要随意堆放杂物,以免带来安全隐患。

(7)病人的日常用具用品,如眼镜、拐杖等,应放置在病人方便拿到的地方。需要病人自行服用的药品,要放在病人床头柜上。

(8)病床旁边应安放电灯开关,方便病人夜间开灯。

(9)对于特殊病人,房间内还应放置痰盂、小便盆等用具。

(10)尽可能为病人营造一个安静的房间环境。

2. 病床的布置和卫生要求

对于在家治疗或康复的病人,病床应尽可能布置得让病人感到舒适安全,方便疗养。

(1)病床应宽敞简洁、柔软舒适。若条件允许,可选用席梦思床垫,上面垫一床棉絮和床单即可,这样可以减少被小便污染后晾晒的工作量。

(2)对老年和长期卧床病人,最好配制气垫,以便于预防褥疮。

(3)对于大小便失禁的别人,病床上应放置隔尿布,以免过多污染床单和床垫。

(4)对于意识不清的病人,病床两侧应加装防护栏,以免病人滑落床下摔伤。

(5)床上用品要勤换勤洗,特别是多汗多痰和大小便失禁的病人,弄脏的床单被子等要立即更换和清洗,并放在大太阳下晾晒消毒。

(6)对骨折等需要特殊护理的病人,应在医护人员指导下布置病床,比如安放四肢固定装置、输液架等。

(7)对于卧床不起的病人,更换床单时,应先将病人移到一侧,在空出的一侧卷起旧床单,垫好新床单,再将病人移到已换好的一侧,更换另一侧床单即可。

(8)每天早晚都要整理一次病床,保持清洁卫生。

(二)病人的个人卫生护理

1. 病人的皮肤护理

保持病人皮肤清洁卫生的主要方法是擦洗和沐浴。若病人能够洗澡,应建议病人定期盆浴或淋浴;若病人不能洗澡,护理人员就应当经常为病人擦洗身体。

(1)照料病人洗澡

病人洗澡宜选择在饭后1~2小时,最好在气温较高的下午进行。

①将洗澡水调至温热不烫皮肤(40度左右)。

②为病人准备好小毛巾、围巾、洗头膏、香皂,以及更换的衣物等。

③检查浴室内的温度是否合适,若感觉较冷可用热风机加热空气。注意热风机使用时不可接触水。

④扶持病人进入浴室并更衣。

⑤病人洗澡期间,护理人员应在浴室外等候,并留意病人是否滑倒。

⑥洗浴结束后立即帮助病人穿好衣物,吹干头发。

(2)为病人擦身

对于长期卧床的病人,只能由护理人员为其擦身保持皮肤清洁卫生。

①准备一盆温热水和柔软的毛巾(可向水中加入少许沐浴液)。

②检查病人房间温度是否合适,避免温度过低时擦身着凉。

③先擦洗头、脸部,再擦洗上身,最后洗脚和剪指甲。擦身时动作要轻柔,以免伤到皮肤。

④擦洗过程中一般要换水2~3次,擦洗时注意保暖,擦洗完后及时为病人穿好衣物。

(3)褥疮的预防护理

褥疮是长期卧床病人的身体局部长期受压,血液循环受阻,局部皮肤溃烂和组织坏死的现象。护理要点如下:

①经常换洗衣物及床上用品,随时保持清洁干净和平整,避免

皮肤受到感染和局部挤压。

②不能自行翻身的病人,可在早中晚饭前、午睡前后和夜间排尿时帮助病人翻身。方法是将双手伸入病人肩下和臀下,抬起病人,挪动位置,并注意不要损伤病人皮肤。

③每天为病人擦身两次,保持皮肤清洁。大小便后用温水擦洗下身。

④按摩受压部位的皮肤,以改善血液循环,防止血液淤积。按摩方法是用手指轻揉,或边推拿边张合手指,但不要用力过猛,同时要不断变换部位,以免揉搓过久损伤皮肤。

若病人已经出现褥疮,应在医护人员指导下用药护理。

2. 清洁病人口腔

长期卧床的病人,口腔内容易滋生微生物引起炎症,因此早、晚都要为病人清洁口腔一次,方法如下:

(1)将病人头部偏向一侧,用毛巾围在头颈下或枕头上,有假牙者取下假牙。

(2)让病人用少许温开水漱口半分钟以上吐出。

(3)用消毒后的镊子夹紧消毒棉球,或用手指缠上消毒纱布,或直接用棉签沾盐水由外至内擦洗牙齿两侧、舌及口腔周围,并不断更换棉球反复擦洗2~3次。

(4)用冷水将病人假牙冲刷干净,再用冷开水(不能用热水以防假牙变形)清洗后为病人装上。

清洁口腔时,动作要轻,盐水不能沾得过多。有口腔溃疡的病人,可用口腔清洁剂擦洗。此外,每次进餐后,应让病人用温开水漱口。

3. 护理病人头发

护理头发可以增进头皮的血液循环,去除了头上的污秽和脱落的皮屑,使病人清洁、舒适和美观。护理头发包括梳头和洗头两个方面。

（1）梳头

①用温湿毛巾轻轻擦洗病人头发，注意不要弄湿头发以免着凉。

②若病人不能坐立，可以在枕头上铺一条干毛巾，帮助病人把头转向一侧，由发根至发梢慢慢梳理，并清除脱发。

（2）洗头

病人每周至少要洗头 1 次。对长期卧床的病人，应多准备几张干毛巾，洗头时托住病人头部，慢慢将头移出床边，用塑料布垫在床边防止洗头水打湿床单床垫，用干毛巾垫围住脖子，在头发下方放一个盆接洗头水，然后再用毛巾沾温水擦洗头发。

注意事项：

①为病人洗头的方法要因地制宜，若病人头部不能移出床边，应在头部下方放一个塑料接水槽让洗发水流出。

②洗头时动作要轻柔，并使用对皮肤刺激性小的洗发液。

③注意保护病人眼、耳、鼻等部位，防止洗头水进入，若进水应立即用毛巾、棉签等清干净。

④洗头时，要注意观察病人的面色、脉搏和呼吸变化情况，若有异常，应立即停止洗头，擦干头发后做进一步观察。对于衰竭、垂危的病人，一般不要直接用水洗头，只用温湿毛巾擦洗。

4. 大小便失禁病人的护理

大小便失禁指病人无法控制自己的大小便，会在没有知觉的情况下排便，多见于重症病人、老年病人和瘫痪病人。

照料大小便失禁的别人，关键就是要掌握病人的排便规律，及时发现排便并进行清理。

（1）掌握病人排便规律，提前做好排便准备。

对大小便失禁病人，可以通过一段时间的观察，掌握排便时间和规律，如答辩距离饭后的时间，早、晚排便情况，排便时身体的反应等等，只要留心观察，一般可以大致掌握病人的排便规律。

掌握排便情况后,可以在病人排便前使用接便盆或橡胶接尿器。不方便使用便盆的,可以提前垫上塑料和卫生纸。

(2)对瘫痪和昏迷不醒的重症病人,可以在病人臀部及四周包上尿布或卫生纸,并在床上垫一层隔尿布。

(3)病人大小便后,要立即清除干净,并用毛巾擦洗臀部。

(4)对意识清醒的病人,可以定时训练病人自行排便。比如饭后1小时让病人臀部压在便盆上,试着收缩与放松肛门和阴部肌肉,每天反复训练3~4次,让病人养成自行排便的习惯。

四、病人的治疗与康复护理

(一)照料输液病人

病人在医院或家中输液,须由专业的医护人员进行,同时护理人员必须全程照料,以防发生意外。照料输液病人应注意以下几点:

(1)输液过程中,护理人员须遵照医护人员的要求,随时注意点滴速度和药液流量,若输液管中出现气泡应将其挤到输液瓶上方,输液过程中不要擅自调快输液速度。

(2)随时观察病人的呼吸、脸色、皮肤等有无异常变化,并询问病人有无不舒适的感觉,若出现异常应立即报告医护人员。

(3)若病人在输液过程中需要大小便,应用一只手举起输液瓶(超过病人头顶),另一只手握住病人输液的手臂保持稳定,以免输液针头滑脱或刺伤血管。

(4)药液快输完时要及时报告医护人员拔下针头,以免血液回流。

(二)帮助病人吸氧

患有心、肺、脑等疾病的病人常会因缺氧而急需吸氧。护理这类病人,应该懂得如何帮助病人吸氧。

医院中的危急病人一般由护士为其输氧,而家中缺氧病人一般使用氧气袋吸氧。氧气袋是一个长方形橡皮袋,袋的一角有橡胶皮管,管上安有螺旋夹以调节气流量。

1. 氧气袋的使用方法

(1)将氧气袋的橡皮胶管接上消过毒的鼻导管,然后将鼻导管的另一端放入装有冷开水的杯子时,打开开关,若水中有水泡,表明氧气流出通畅,若不通畅,则需要换鼻导管。

(2)用棉签沾少许冷开水清洗病人鼻孔,然后将鼻导管插入鼻孔,然后用胶布把鼻导管固定在上嘴唇处。常用的鼻导管有两种:一种是细的橡皮导管,需插入较深,经鼻腔插入到鼻咽部;另一种是末端呈圆形的塑料制品,插入鼻孔内即可。

(3)病人吸氧时,可将氧气袋放在手下压住,促使氧气流出。

2. 安全注意事项

由于氧气浓度很高,极易燃烧和爆炸,因此,为病人吸氧时,要特别注意以下安全事项:

(1)氧气袋不用时要放在阴凉、通风、干燥处保存,避免接触热源和火种。

(2)病人在吸氧时,家属不能在附近吸烟、点火,以免发生危险。

(3)使用前应检查氧气袋是否有漏气现象,如果漏气应及时更换或修补。检查办法是用双手压袋,贴近面颊,若有漏气则面颊上可感觉到一股气流;或者将氧气袋完全置于水中,观察有无气泡冒出。

(三)照料手术后的病人

刚做完手术后的病人不能活动,需要特别照顾。除了医护人员的治疗护理外,护理人员还要注意以下问题:

(1)注意病人卧姿,头部应侧向一面,让鼻子及口腔内的分泌物外流,并随时用棉签清理干净。

(2)对安有引流管的病人要密切注意观察引流管是否通畅,

引流夜颜色是否出现异常(如出现血红色),同时还要防止引流管脱落。

(3)随时注意观察病人的脸色、呼吸等情况。若发现非手术部位皮肤瘙痒应帮助病人止痒,出汗时帮助病人擦汗,嘴唇干燥时用棉签沾水涂抹,帮助病人排痰等等。

(4)发现异常情况应立即报告医护人员并协助处理。

(四)照料病人用药

治疗期间的用药非常重要,对能够自行服药的病人,护理人员要及时提醒病人按照医生规定的药量和用法服药;对不能自行服药的病人,护理人员要按照医生规定按时给病人服药。

照料病人服药时要注意以下几点:

(1)严格遵守服药时间规定,不要擅自提前或推迟用药。

(2)对于几种药物同时服用的病人,要注意有的药物之间会发生不良化学反应,因此要严格遵守不同药物服用的时间间隔。

(3)要严格按照规定的药量喂药,不要擅自加大或减少药量,不要以为多吃药会好得快。

(4)若喂药后发现病人出现不良反应,如疼痛、呕吐等,应停止喂药,并立即报告医护人员。

(五)人工呼吸

当病人的呼吸因某种原因突然停止时,就必须要立即采取人工呼吸的方式帮助病人恢复呼吸,否则就会很快发生死亡。

1. 人工呼吸的方式

人工呼吸包括:口对口人工呼吸法、仰卧压胸法、俯卧压胸法、举臂压胸法等。

口对口人工呼吸法一般适用于健康人遭遇意外原因突然停止呼吸时采用的方法,如电击、溺水等。而对于有严重传染性疾病的病人,应采用其他人工呼吸方法。

2. 口对口人工呼吸法

即用口直接对准病人的口，将气吹入病人肺中，反复多次，让病人恢复呼吸。方法如下：

（1）让病人仰卧，头稍向后仰。

（2）用一只手分开病人下颚，另一手捏紧病人鼻孔，若有条件可以在病人口上盖一层纱布或手帕。

（3）深吸一口气后，将口紧贴在病人的口上用力吹入，然后松开口和鼻孔。

（4）待病人吐气后，又再次吹气，如此反复多次，直到病人恢复呼吸。

3. 举臂压胸呼吸法

对不便进行口对口人工呼吸的病人，可采用此法。方法如下：

（1）将病人仰卧，双膝跪在病人头顶端。

（2）用双手握住病人两只手前臂，向上拉直，然后将双臂向外分开。

（3）将病人的两臂向胸前折回，并挤压胸部，让病人呼气，然后松开。每分钟反复15次左右，直至病恢复呼吸。

（六）胸外心脏挤压

病人心跳突然停止时，就需要按压胸部心脏部位，以帮助病人恢复心跳。方法如下：

（1）将病人平卧于地上或硬板床上。

（2）术者将左掌根部放于病人胸部心脏部位（胸骨下部），右掌压于左手背上，双手交叉重叠按压胸骨。

（3）有节奏地按压胸骨（使胸骨下陷3~4厘米为宜），每次按压后迅速松手，使胸骨复位，以利心脏舒张。按压速度以每分钟60~80次为宜，小儿为每分钟100次。

胸外按压时要注意节奏，并带有一定的冲击力，但用力不宜过猛，以防骨折。同时，应对病人做人工呼吸，以帮助病人恢复心跳和呼吸。

（七）冷敷与热敷

冷敷是用冰或冷水敷病人的患处，以起到降低体温、止痛、止血作用的方法；热敷则是用热水袋或热毛巾敷病人患处，以起到提高温度、扩张血管、松弛肌肉的作用。

1. 冷敷（冷疗）

冷敷主要用于发高烧、鼻子出血、外伤后皮肤红肿疼痛等症状，使用方法包括干敷和湿敷两种。干敷是冰水装入袋内不直接接触皮肤，湿敷是用水直接擦身或用湿毛巾贴在皮肤上。

（1）冰袋干敷。家庭可以从冰箱中刮下冰块或冰渣，将大块的冰砸碎，与少量水混合装入不漏水的袋中（家中可用暖水袋代替）密封，包上一层毛巾或棉布，放于患处皮肤上。

此法使用时要注意观察皮肤变化，防止皮肤冻伤，使用时间一般不宜过长，以 10～30 分钟为宜。

（2）温水（或酒精）擦浴。即使用温水（30℃左右）或医用酒精为病人擦身以降低体温，一般用于发高烧的别人降低体温。注意擦身过程中防止病人打寒颤及休克。

（3）冷湿敷。将毛巾浸于 15℃ 左右的冰水中，拧干后贴在患处皮肤上，以达到减轻疼痛和消肿止血、控制炎症的效果。

（4）冰水浸泡。将患处泡在冰水或冷水中，如冷水泡手、泡脚等。

冷敷对于消肿止血等有一定效果，但也有冻伤皮肤和诱发其他疾病的危险，因此，一般只在局部皮肤使用。对于需要冷疗的特殊疾病，最好在医护人员的指导下进行。

2. 热敷（热疗）

热敷也有干敷和湿敷两种方法。热水袋、电热毯等属于干敷（干热），湿热毛巾贴肤、温热水盆浴等属于湿敷（湿热）。

（1）干敷（干热）。使用热水袋是最普遍的方法，家庭使用方便实惠。方法是将50~80度的热水加入热水袋中,盖紧盖子,将热水袋贴于皮肤上。

(2)湿热敷。将毛巾或纱布泡在热水中,拧干后贴在皮肤上。

(3)坐浴。让病人坐于盛有温水的盆中(温度在37~40℃),臀部下方浸泡在水中,用于清洁肛门或治疗肛门、会阴疾患,如痔疮治疗。

(4)蒸汽吸入。将清水或药液放在罐中加热至冒蒸汽,然后让病人脸部靠近灌口吸入蒸汽,以便治疗呼吸道疾病。

热敷(热疗)对腹痛患者、孕妇、意识不清、内脏出血及炎症患者要慎用,以免加重病情。

(八)骨折病人护理

发生骨折的病人必须采取固定骨折部位的措施进行护理。骨折病人常常采用牵引术、石膏固定等治疗手段,身体活动受到很大的限制,因此往往要求病人忍耐和克制,病人护理的重点就是要防止病人活动时损伤骨折部位。

1. 牵引病人的护理

(1)留意牵引部位皮肤是否有青紫、肿胀、麻木等现象,若出现应及时报告医护人员。

(2)一般牵引物是悬空的,不要随意移动牵引物的位置或改变牵引物的重量,若病人感觉难受应报告医护人员处理。

(3)病人移动身体或改变体位时,不要改变牵引部位的位置。

2. 石膏固定病人的护理

(1)石膏固定骨折部位后,活动受到限制,影响肢体的血液循环,因此,应将包扎石膏的肢体抬高,如垫上枕头或悬挂,以预防肿胀及出血。

(2)帮助病人按摩石膏四周的皮肤,以改善血液循环。

(3)移动病人时要特别小心,不能碰撞骨折部位。

（九）协助病人进行自理能力训练

自理能力训练的目的是提高病人生活自理能力，主要针对瘫痪、大手术后以及外伤恢复期的病人。

病人自理能力训练是一项艰难而细致的工作，需要护理人员有足够的耐心，必要时应征得医护人员的指导，同时还要注意训练过程中发生危险。以下几项训练可在有条件时进行：

1. 洗漱训练

为病人准备好洗脸水和毛巾，在旁边耐心指导病人洗脸、漱口、梳头，并适当予以协助，每天反复2次。

2. 穿衣训练

为病人准备宽大、柔软、式样简单、易穿着的衣服，让病人试着穿衣，必要时给予协助。

3. 饮食训练

从最简单的动作做起，先让病人自己试着拿勺子进食，然后训练端碗等动作。

4. 运动锻炼

对于康复期的病人，应辅助进行适当的运动，以帮助恢复肌体运动机能。方法如下：

（1）给病人做被动运动。如帮助病人抬腿、转动关节，活动手指等。

（2）让病人自己运动。在病情允许的情况下，让病人自己活动手指、伸展四肢、下地行走等等。病人刚开始行走时应给与扶持，以防摔倒。

（十）病人的心理护理

心理护理是护理人员在与病人的交往中，以言行来影响、改变病人的心理状态和行为，促进其康复的方法和手段。

病人得病后，常常表现急躁、忧虑、恐惧与愤怒的心理，并希望得到别人的鼓励与安慰，如果心理得到良好的沟通，并能保持积极的心态接受治疗,对病情好转极为有利。

心理护理的主要方法如下:

(1)与病人建立良好的关系,如与病人交谈时多表示理解和宽慰,对病人的需要尽可能满足等。

(2)热心为病人服务,为病人创造良好的治疗与康复环境。

(3)适当安排一些有意义的活动,如与病友聊天、与亲友交谈等,舒缓心中的压力。

(4)让病人看一些喜欢的书籍和影碟,增加生活得乐趣,陶冶情操。

(十一)病人护理过程中的自我保护

对于患传染性疾病的病人,护理人员在护理过程中一定要首先做好自我防护工作。主要的自我防护措施如下:

1. 服装防护

在护理病人时穿上白大褂,戴上口罩和手套,可以有效预防接触性传染病。

2. 个人卫生防护

做到勤洗手、勤换衣,尤其是为病人料理完卫生后,一定要及时洗手,以防病源残留。

3. 药物防护

对某些传染性疾病,可采取提前药物预防的方法。如护理乙肝病人,一定要提前注射乙肝疫苗,提高自身的免疫力。

总之,护理病人前首先应该了解清楚病人的病情及其传染性,提前做好各种防护准备。

第十二章　家庭安全防护

　　确保家庭的人身财产安全是构建和谐幸福家庭的最基本要求。随着工业化、城市化水平的提高，人们的住所越来越密集，家庭装备、家居用品与用具也日益丰富和多样化，在给人的生活带来方便和享受的同时，家庭安全问题也越来越突出，防盗、防火、防爆，以及家庭成员的人身安全防护显得越来越重要。家政服务员不仅要懂得保护服务对象的人身财产安全，还要学会自我保护。

一、家庭防火防盗

（一）家庭防火

1.家庭中常见的火灾隐患

　　家里发生火灾的原因虽然很多，但归纳起来，主要有以下几个方面。

　　（1）厨房做饭、炒菜时的粗心大意。炒菜、炖汤或使用煤气、电炉煮饭的时候，如果人离开太久而没有关火，就有可能导致饭菜烧干而起火。

　　（2）煤气或液化气泄漏。如果煤气或液化气泄漏，哪怕遇到一小点火星，都有可能引起燃烧甚至爆炸。

　　（3）明火使用不当。停电后使用蜡烛照明，蜡烛燃尽后若不及时吹灭就可能导致桌面燃烧；使用蜡烛照明寻找失物时，若火焰触到易燃物，也容易导致火灾。

　　（4）电路短路。电路老化，或使用大功率电器时导致电线负荷过重,就容易引起短路燃烧。

(5)易燃易爆物品保管不当。家中存放鞭炮、烟花、汽油、酒精等易燃易爆物品时,若在附近吸烟、点火,或被太阳光直射等,容易引起燃烧爆炸。

(6)吸烟。在床上吸烟,或将未熄灭的烟头随处乱扔,容易引起衣被、地板燃烧。

2. 家庭防火措施

(1)保障厨房用火安全。煮饭做菜时,人不能离开厨房,若短暂离开,一定要将火关小或熄灭。炒菜或煎炸食品时,防止油温太高;炒菜或炖汤时,防止油飞溅到火焰上燃烧起来;如果锅里的油起火,应迅速盖上锅盖并关火,不要向锅里倒水灭火。

煤气罐要放在离炉火较远的地方,炒菜做饭结束后,要立即关闭燃气阀门,防止漏气。

有的家庭为了回到家里就能很快吃饭,喜欢在上班或外出时先用电饭锅把饭煮上,回到家后只要做菜就行了。其实这是非常危险的,万一电饭锅在饭做好后不能自动跳闸断电,就很容易把饭烧焦甚至燃烧。因此,使用自动电饭锅(电饭煲)做饭也需要有人在家。

(2)妥善保管危险物品。对鞭炮、酒精等易燃易爆物品,一定要放在阴凉并远离火源(包括电线、插座)、小孩不能拿到的地方。

(3)保障电路及电器使用安全。使用电暖器、电熨斗、电炉等大功率电器时,人不要离开,电炉周围不要放置依然物体,人离开时一定要断电,以免造成浪费和引起火灾。插头、插座要随时检查,若发热、烧焦甚至冒火花,要及时断电。保险丝烧断后不要用铜丝、铁丝代替,电线、插头、插座老化后要请电工及时更换,不要自己乱搭乱接。

电热毯使用时要平铺,防止折叠,烧热后要及时断电,不要在人离开家时插电预热床铺。

（4）注意行为安全。随时留意不要让小孩玩火，提醒大人不要在床上吸烟，不要乱扔烟头，不要在家中燃放烟花爆竹。蚊香要固定在专用的铁架上；不要把点燃的蚊香直接放在木桌、纸箱等可燃物上。停电后要尽量使用应急照明灯照明，若使用明火照明，不要将油灯、蜡烛放在可燃物上或靠近可燃物，严禁用汽油作燃料。

3. 火灾发生时的紧急处置

如果家中发生火灾，应当在确保人身安全的前提下，采取正确的措施切断火源，控制火势，减少损失。如果无法控制火势，应及时逃离现场并呼救，但切忌惊慌失措，以免导致不应有的人身财产损失。

（1）身上衣物燃烧时的紧急处置。如果人身上的衣物被烧着，应当迅速脱下，无法脱下时应当就地打滚灭火。切忌奔跑，以免导致火势乘风加大。如果身上被汽油、菜油等易燃物沾染燃烧，应当用一床棉被裹住灭火。不要贸然用水灭火，否则油会随着水流扩散，导致火势蔓延。

（2）及时扑灭刚出现的火星。如果插座、电线烧焦或冒火花，应首先关闭电源开关断电，然后迅速使用灭火器灭火，或使用不易燃烧的物品扑灭火焰。切忌用水或导电物体灭火，以防触电。

（3）正确处理煤气泄漏。如果闻到了家里有煤气的味道，应当首先打开窗户通风换气，然后及时关掉煤气阀门。这时切忌在房间里使用打火机、电筒、手机等，防止引燃或引爆煤气。如果煤气泄漏严重，应尽快离开房间，然后及时报警并呼叫周围的人离开，等待消防人员处理。

（4）及时逃离大火现场。发生大火时，要及时保护家人逃离现场，切不可因为抢救财物等而耽误了逃离火灾现场的时间。逃离过程中应匍匐前行，并使用湿毛巾、口罩等捂住鼻子，以免过多吸入有毒烟雾。

如果门道已被大火笼罩，这时应当从窗户、阳台、落水管等处逃生,或用绳索、床单、窗帘紧拴在窗框上,顺绳滑下,不要贸然往烟雾里窜。如果没有其他通道,应用水打湿全身,或用水打湿棉被或毛毯后裹在身上,并用湿毛巾捂鼻,然后从楼梯逃离。

逃离火场时,不要往高处逃跑,也不要乘坐电梯,更不能贸然跳窗逃生,否则会增加新的危险。如果不得已跳楼,也应该尽量抱一些棉被等松软物品或手持打开的雨伞跳下,以减缓冲击力,着地时双手抱紧头部身体弯曲卷成一团,以减少伤害。

(二)家庭防盗

1. 家庭盗窃案件的发生特点

(1)作案工具越来越先进。随着科学技术的发展,许多新技术新设备不仅为人们的生产生活带来了不少方便,也为窃贼作案带来了便利。如现代新发明的一些开锁工具、小型千斤顶、切割机等,被窃贼用于入室行窃的首选工具。

(2)作案手段越来越有欺骗性和隐蔽性。窃贼为了掩饰身份,往往以社区工作人员、走访亲戚、推销产品等名义打探消息,偷窥住户的人员及家庭财产情况。实施盗窃时,有的窃贼甚至身着水电工、搬家公司的服装,在撬开失主的房门后,大摇大摆地搬运东西,不仅让邻居摸不着头脑,甚至瞒过了小区保安。

(3)作案方式团伙化。当前,不少盗窃事件是有组织的团伙作案,他们分工明确,有的负责探查、有的负责放哨、有的负责行窃、有的负责掩护和接应。这些团伙往往集中居住,分组作案,有的甚至还有严格的"纪律"和分配制度。

(4)未成年人参与作案人员的越来越多。当前,团伙作案的比例越来越高。这些盗窃团伙中,往往有不少未成年人,盗窃团伙正是利用少年儿童不负刑事责任,且个头小、行动灵活、便于隐蔽等特点,有计划、有组织地作案。他们先是有预谋地欺骗、胁迫少年儿童加入盗窃团伙,然后再对其进行严格的训练。如沈阳市曾发生的一起团伙盗窃案件,团伙主犯均为成年人,在当地将同乡、亲属等熟人的孩子骗出,专门教唆他们入室盗窃技术,自己则遥控指挥,其中年龄最小的只有12岁。

2. 预防家庭被盗的措施

(1)完善防盗设施,将盗贼拒之门外。住宅的门窗往往是盗贼入室的主要通道,因此,加固门窗是首要的防盗措施。如选择安全性好的防盗门,配置防盗锁,窗户加装高强度的防护栏等。钥匙一定要随身携带,不要乱丢乱放,以防被人复制;小孩上学时不要把钥匙挂在脖子上,以防被人跟踪;若钥匙丢失,一定要立即换锁。

(2)提高防范意识,不给窃贼留下可乘之机。如搞好邻里关系,家中无人时相互照看;不要轻易带人到家中,不给陌生人随便开门;家中尽量不存放大量现金及有价证券,贵重物品如首饰等不要轻易放在抽屉等容易拿走的地方,存折不要与户口本、身份证放在一起,密码不要设成生日等容易被破解的数字。

(3)养成良好的行为习惯。在家中时要随时关门,晚上睡觉时要检查门窗是否关好,夏天不要开门睡觉;离开家时,不管时间长短,一定要锁好房门,最好能够反锁,这样即使盗贼翻窗入室后也不能开门出来。有人敲门时一定要先问清楚是谁才能开门,对于没有预约的水电维修工、送水工、抄表员等,不要轻易让他进来。回家时若被人跟踪,一定不要立即开门,而应该走到其他楼层,待无人时再返回家中开门。

(4)不要轻易暴露家庭成员的行踪。平时要对家庭电话、人员活动情况等注意保密,不要轻易把家人的姓名、地址、电话号码、出行情况等告诉任何人,以防窃贼掌握家人的外出规律后,趁无人在家时实施盗窃。

(5)采用现代技术手段防盗。现代家庭防盗技术包括红外报警技术、电话及短信报警技术、电击防盗技术等。有条件的家庭可以安装自动报警门锁,一旦被坏人非法开启可通过电话线向你的手机及指定的电话报警;也可以选择安装磁控门窗开关、红外线入侵探测器等,一旦有人进入就可发出自动报警信号。

（6）搞好邻居关系,外出时相互照看。与邻居搞好关系,在长时间外出时,可以请求邻居关照住宅,代收报刊、信件。如遇异常情况,邻居也可通过电话即使告知。

3.家庭被盗后的处理办法

（1）保护现场并及时报警。发现家庭被盗后,应立即报案,并妥善保护好现场,否则会给公安机关破案带来一定的难度。被盗的房间和进出通道等都有可能留下窃贼的手印、鞋印等痕迹,在公安人员到达之前应妥善保护,以便于侦查人员及时掌握线索,早日破案,挽回损失。

（2）被盗存折即使挂失。若发现存折被盗,应立即向银行电话挂失,然后持身份证到银行查看存款是否被取走,并申请正式挂失。

（3）及时消除被盗隐患。发生被盗事件后,一定要提醒家庭成员弄清楚家中还有哪些被盗隐患。若门窗被破坏,一定要及时加固或更换。

（4）冷静应对盗贼。若你回家时发现门窗异常,而又不能断定盗贼是否已经离开时,不要慌张呼救,以免打草惊蛇,应沉着离开,然后打电话报警。在警察到来之前,应寻求社区保安及邻居帮助,共同监视盗贼动静,防止盗贼逃脱。若在熟睡时盗贼进入家中行窃,你被惊醒后不要急于起床呼救和抵抗,应假装熟睡,等待盗贼离开你的房间,然后趁机关好房门后再呼救和报案,这样可以避免盗贼狗急跳墙,伤害你的性命。

二、水、电、气安全

（一）家庭用水安全

1.水质安全

（1）随时留意自来水的水质,发现异常应立即停用。自来水一般是经过自来水公司消毒处理过的,水质清亮无异味,因此可以放心使用。但由于输水管道也有被污染的可能,而且很多楼房都在楼顶安装了蓄水箱,家中的自来水是经过蓄水箱输送进来的,若长时间不清洗蓄水箱,就可能导致水变质。因此,用水不可掉以轻心,若发现水质浑浊,或有异味,应立即停用并报告自来水公司及时处理。

(2)不饮用生水。城市的自来水往往含有多种细菌和虫卵,因此必须烧开才能饮用,否则会引起感染生病。存放时间较长的开水也要重新烧开后再饮用。

2.水道管网安全

(1)防止水龙头和水管破损爆裂。拧开水龙头时,不要用力过猛,以免滑丝漏水;避免利器损伤水管,也不要把重物压在水管上。若发现水龙头或水管漏水,应及时关闭总水阀后请专业人员维修更换。

(2)养成外出时关闭总水阀的习惯。离家外出时,应将家中的进水总阀门关闭,这样可以避免万一水压过高时发生水管爆裂。

(3)及时更换老化的水管。水管老化后,能够承受的水压就降低,因此应及时更换,避免造成不应有的损失。

(二)家庭用电安全

1.家庭用电常识

(1)电的分类。电分为交流电和直流电,发电厂产生的电是交流电,而电池供应的是直流电。按用途来分,包括工业用电、民用电等。按照电压高低来分,有超高压电、高压电、低压电和微电等。居民生活用电一般都是 220 伏的高压电。一般来说,低于 36 伏的电对人体是安全的,而高于 36 伏的电流过人体,会造成不同程度的身体伤害甚至死亡;若电压过高,会在瞬间将人体烧成焦炭。因此,家庭用电务必注意安全。

(2)家庭电路的构成。家庭中的电路,一般由导线、保险盒、接线盒和插座构成。导线包括火线(电流输入)、零线(构成回路)和地线(接地保护作用)。导线的规格(大小)要与家庭最大用电量匹配,电线过细往往会导致负荷过重发热而烧断,严重时甚至由此引起家庭火灾。家庭使用的导线主要有铜线和铝线两种,铜线较硬,也不容易烧断,而铝线稍软,接触不良时容易烧断。因此,一般接线时,禁止铜线和铝线混接。

保险盒是保障家庭用电安全的关键构造,里面包括总电源开关、接线柱和保险丝。总电源开关一般是两相的,即可以同时断开火线和零线,若为单相开关,就必须接在火线上。保险丝一种特制的金属丝,若负荷过重或电压过高,就会融化断电。因此,保险丝的大小也要和家庭用电量匹配,配置过小,就会出现经常烧断而频繁更换,配置过大,又会使其失去保险的作用,带来安全隐患。一般来说,保险丝要请专业的电工来安装,若保险丝烧断,严禁使用铜线或铝线直接接通。不过,现在多数家庭都使用了集开关、保险于一身的空气开关,其安全系数更高,也减省了安装和更换保险丝的麻烦。

插座是直接与电器的插头对接的地方,使用频率最高。若插头与插座接触不良,就可能导致电流不畅而发热,甚至冒火花或燃烧。因此,插座一定要选择质量可靠的,使用时也一定要插紧,若发现发热或冒火花,一定要关掉电源,拔下插头后及时更换插座。

(3)电的使用。电是人们日常生活不可缺少的基本要素,无论是照明、使用电器,还是娱乐、通讯等,都离不开电。

正常用电的基本要求是:

第一,电压必须符合电器的要求,不能过高或过低。若电器使用的电压低于220伏,则配有变压器,这时不能直接将220伏电源接入电器,而必须通过变压器供电。

第二,电路必须通畅并构成回路,若线路或插头接触不良,就会导致电流中断,影响电器的正常使用甚至毁坏电器。家中检查是否通电的常用工具是试电笔,一般家庭都应当配备。

2. 家庭需要特别注意的电力灾害

电给人们带来生活享受的同时,用电不慎也会给人们带来灾害。家庭用电过程中,要注意预防以下灾害:

(1)引发火灾。电线往往布在屋檐下、墙边,甚至埋在墙体内或地板下,若发生短路或负荷过重,极易导致电线过热而引起建筑物燃烧甚至引发大火,造成不可挽回的损失。因此,在安装电线时,要特别注意对布线的位置作绝缘、隔热和阻燃处理;用电过程中也要留意有无电线烧焦的气味,发现异常及时处理。

(2)触电导致的人身伤害。家中有小孩、神志不清的老人或者精神病患者的,需要特别注意将裸露的电线、插座等部位保护起来,不能他们触碰,以免发生意外。

电对人体的伤害分为电击和烧伤两种类型。电击是电流通过人体内部所造成的组织器官损坏甚至死亡。电烧伤主要是指对皮肤造成的局部伤害,如电弧烧伤,电烙伤,熔化的金属微粒渗入皮肤等伤害。

(3)电压异常引起的电器损坏。如何电器都必须在规定的电压下使用,若电压过高或在发生短路而导致电流过大,电器元件就可能会被烧坏;若电压过低,就可能无法启动或启动后电流异常而损坏元器件。因此,在电压经常不正常的地方,使用电器应尽可能安装过压保护装置。

3. 家庭预防电力灾害的措施

(1)避免超负荷用电。家庭安装的电线都有一定的承载力,若同时使用多种大功率电器,电流超过电线的承受范围,就容易导致电线过热燃烧。因此,煮饭做菜时尽可能不要同时使用几个电炉、热水器等大功率电器,空调也应该在其他大功率电器空闲时使用。

(2)消除电路安全隐患。破旧老化的电线应及时更换,电源插头、插座一定要安全可靠,使用时要插紧,确保接触良好,以免发热。

(3)养成人走断电的习惯。如果人离开家,除了电冰箱等不能断电的线路外,应将其他线路的开关都关闭;不要在离开家后还插上电热毯预热床铺,或使用电饭煲煮饭,因为这些平时看起来功率不大,或是能够自动断电的电器,也可能会因老化而发生故障,进而导致无法预估的事故。

(4)保持布线的墙体或地板干燥绝缘。布线的墙体或地板遇到渗水或积水,就会成为导电体,很容易发生短路或人体触电事故。因此,若发现渗水现象,应立即关闭总电源开关,然后再处理渗水部位。

(5)正确使用家用电器。家用电器的种类很多,每种家用电器都有它的操作规范,使用时应严格遵守。家用电器不用时,应拔下插头;电烫斗通电加热时要放在专门的铁架子上,不能接触木桌子等易燃物体;电炉要放在隔热的材料上而不能直接放在地板上;严禁覆盖暖风机等发热的电器,电视机刚关闭时不要立即覆盖,以免影响散热;在使用电热水器洗澡时,要养成水烧热后断电再洗澡的习惯,以防万一热水器老化漏电而发生触电事故;洗澡时,不要在洗澡间里使用电吹风等电器,以防漏电;不要用湿布擦拭使用中的家用电器;不要用手去移动运转的家用电器,如台扇、洗衣机、电视机等等,如需搬动,应关上开关,并拔去插头。

(6)易燃易爆物品,必须远离电路及使用中的电器。家庭中如果要存放酒精、液化气以及其他易燃易爆的物品,一定要远离电源及使用中的电器,避免因温度过高而引起燃烧或爆炸。

(三)家庭用气安全

1.家庭用气的类型及特点

家庭所使用的燃气,主要是天然气、液化气和人工煤气等,通过管道输送到燃气具,如燃气灶、燃气热水器等,用于煮饭做菜、烧水洗澡、取暖等,也是现代城市家庭生活的主要能源之一。天然气是从地下天然气矿床或石油天然气矿床中直接开采出来的以碳氢化合物为主的优质气体燃料,它具有清洁、发热量高、使用方便、无毒等优点;液化气是从油田或石油炼制过程中获得的;而煤气一般是通过对煤加热或气化而获得的。天然气的主要成分是甲烷,液化气的主要成分是丙烷、丙烯等,而煤气的构成成分则比较复杂。三种燃气所使用的炉子有所不同,应注意区别。

通常情况下,燃气少量泄漏不会对人们造成威胁。但如果室内泄漏的燃气在通风不好的情况下慢慢聚集,并与空气混合达到爆炸浓度,遇明火后就会引发燃烧爆炸,且危险性很大,严重的还会殃及左邻右舍。

安全用气,最主要的就是防止燃气泄漏引发火灾。

2. 燃气泄漏的原因及其预防措施

(1)燃气泄漏的原因。主要有:连接灶具的胶管老化龟裂或两端松动脱落;用气时发生沸汤、沸水浇灭炉火或风吹灭炉火后燃气直接排到室内;关火时,灶具截门未关严;管道腐蚀漏气或煤气表、阀门、接口损坏漏气;燃气灶具损坏等。

常常发生燃气泄漏的部位是:燃气胶管龟裂处或与灶具、管道的连接处;燃气灶具的灶头、阀体;燃气表;燃气管道被腐蚀的地方等。

(2)预防燃气泄漏的措施。一是要经常检查煤气管道及阀门是否漏气。检查办法是:将肥皂水涂抹在阀门、胶管、煤气表、管道接口等处,有气泡鼓起的部位就是漏点;或者通过听、闻和用手臂感觉是否有漏气来确定。二是若发现煤气泄漏,应保持冷静,并及时采取以下措施:立即关闭燃具开关及燃具管道上的开关;不要点火及使用任何电子设备,以防起火;立即打开门窗通风换气;最后才是到室外安全的地方拨打煤气公司抢修电话或119电话报警。

3. 安全用气注意事项

（1）正确使用燃气具。一是使用灶具做饭、烧水时不能远离、外出，以免火焰被烧开溢出的水浇熄，发生中毒和爆炸事故，燃气使用完毕，应关紧燃气开关及供气阀门。二是要掌握好火色，火焰呈蓝色透明状。内焰清晰可辨，并发出吱吱的气流声，此时燃烧正常、火力大、省气。若火焰发黄而长，跳跃时为不正常，应调整灶具风门。

（2）安装燃气管道或使用燃气的地方一定要保持良好的通风。在进行室内装修时，不得擅自拆、迁、改造、遮挡或封闭煤气管道设施，不得将煤气表、煤气管道等安装在密闭的橱柜内。用户不能私自改装、移动天然气设备和管道，不得封闭安装有燃气热水器的阳台。若要改装管道设备或改变用气环境，必须征得天然气公司同意，保证通风良好。

（3）离家或晚上睡觉前要检查煤气是否关好。为防止漏气泄漏聚集，出门或晚上睡觉前，应检查煤气是否关好关紧。

（4）保护好燃气管道及阀门，燃气具使用一定年限后一定要及时更换合格产品。燃气灶与供气管道相连接的都是胶管，长时间使用后，容易发生老化龟裂，卡口也容易锈蚀或松动，若不及时更换，很容易造成燃气泄漏。此外，不要在燃气管道上悬挂物品及堆放易燃、易爆、易腐蚀性的物品，防止损坏管道设施。

（5）有条件的家庭最好安装燃气泄漏报警器。燃气泄漏报警器是由控制器和探测器共同组成的一个自动报警器控制系统。若液化气、天然气、人工煤气等可燃性气体泄漏并达到一定浓度，探测器立即发出声、光报警信号，并且自动关闭燃气总阀，切断气源。

（6）安全使用瓶装液化气。液化气钢瓶应该放在通风干燥、阴凉、不易腐蚀和不易受撞击的地方，禁止放置在密封橱柜内，严禁放在容易暴晒或靠近明火的地方，严禁倒立或横卧使用。

（7）安全使用燃气热水器。燃气热水器必须安装在通风良好的地方，必须有烟道，防止废气滞留室内引起一氧化碳中毒；全自动燃气热水器要定期更换电池;要定期对热水器进行清灰(一般一年一次),以保证热水器正常使用。

三、人身安全

(一)交通安全

外出时,一定要注意交通安全,防范交通事故,特别是要遵守交通规则,并照料好你身边的老人小孩。

1.遵守交通规则

(1)遵守交通信号灯,过马路时不要闯红灯。

(2)顺公路行走时要在人行道上,没有人行道的公路必须靠路边行走。

(3)横穿公路时一定要从斑马线通过,没有斑马线的地方一定要注意来往车辆,不要斜穿、猛跑,不要与车辆抢道。

(4)禁止翻越道路中间的栏杆。

2.注意照料老人小孩

(1)携带小孩外出时要牵住小孩的手,让小孩跟在自己身边,防止小孩在车辆多的地方左右奔跑。

(2)陪同老人外出时要少和老人讲话,以免分散注意力。

(3)不要让老人小孩停留在路边休息或玩耍,以防车辆制动失灵时冲上路边伤人。

(二)公共场所的人身安全

1.预防盗抢

(1)尽量不要到人多成堆的地方,逛街时也不要在人多的地方久留,因为窃贼往往选择人多的地方下手。

(2)在街上购物时一定要把自己的包拿在手上,不要背在背后或放在你的视线不十分注意的地方。

(3)外出时钱物尽量不要外露,应当将乘车卡、零钱等放在容易拿出来的地方,以免取钱时被人偷窥到你包里的财务而起贼心。

（4）如果你的包被夺走,应立即向周围的人呼救并报警。不要一个人贸然追赶窃贼,以防窃贼行凶。

（5）行走时注意周围的人,防止被人跟踪。一个人不要走偏僻的小巷,夜间不要走人少的地方,尤其是地下通道。

（6）到银行取钱时最好有人陪伴,取大额现金时最好请保安护送。

（7）如果在偏僻的小巷遭遇歹徒,应冷静地与他周旋,放松歹徒的戒心,然后趁机逃走。注意尽量不要激怒歹徒,以防发生不可预料的后果。

2.防止人身伤害

（1）在商场促销、文艺表演等场所,要特别注意人多拥挤发生踩踏伤人事故。若遇人群骚乱,应立即离开。

（2）乘坐商场电梯时注意扶稳扶手,并防止脚被电梯夹伤。

（3）遇事要冷静、忍耐,尽量不要与人争吵和打斗。

（4）遇到危险应及时向周围的人求救或报警。

（三）家政服务员的自身安全

家政服务员在给他人提供服务的同时,也要注意自身的人身安全。以下几点要特别注意。

1.恰当处理与雇主家人的关系

（1）不要轻易和雇主家里的人或邻居谈恋爱。家政服务员因为工作的特殊性,与雇主家人及亲戚朋友接触较多,有时免不了会有人向你表示爱意,但在不能确定对方是否真心相爱并以婚姻为目的的情况下,最好不要轻易谈恋爱,以免产生终身难忘的苦果。

（2）在雇主家时,尽量避免和异性单独同处一室。对于长期住在雇主家里的家政服务员,和雇主家里人的关系要保持适当的分寸,不要与异性过于亲密,更要尽量避免和异性单独同处一室,以免发生意外。

（3）有事外出一定要向雇主事先说明。若有事外出,应事先向雇主说明原因,让雇主知道你到哪里去,办什么事,什么时候回来等等。若自己没带电话,还应该告诉雇主怎样找到自己,若万一发生什么意外,也好让雇主找到你并向你提供帮助。

2. 谨慎交友,不被诱惑

（1）不要被金钱所诱惑。要知道,天上不会掉馅饼,如果有人用金钱首饰诱惑你,一定要保持清醒的头脑,不要轻易上当。

（2）与人交往要谨慎,不要把自己的朋友轻易带到雇主家里。别人与你结交时,一定要弄清楚对方的背景,留意对方的意图。若不小心将不可靠的人带到雇主家,万一发生抢劫、被盗等事件,自己就无法向雇主交代,弄不好还会成为同谋嫌疑而惹来官司。此外,还要注意不要随便在外住宿,更不能在不熟悉的朋友家留宿,以免发生意外。

3. 服务工作中的安全防护

在雇主家服务时,要遵守安全操作规程,正确使用家里的电气设备,维护好家里的各种设施,避免发生安全事故。特别是在打扫窗外卫生时,一定要系好安全带,防止跌落。

四、呼救和急救常识

（一）呼救常识

1. 常用呼救与报警电话

（1）匪警电话110。在遭遇盗抢、人身伤害等刑事案件时,应及时拨打110报警电话。该电话还统一受理各类突发事件和应急求助的报警。拨打110报警电话的办法如下:

①使用手机或固定电话110号码。任何公用电话均可免费拨打该电话号码,磁卡电话不需要插卡即可直接拨通。若遭遇歹徒,应趁机避开后再打电话。

②接通电话后,应询问"请问是110吗?"

③与对方确认后,告诉对方"我要报警",然后讲清楚发生了什么事、在什么地方、有多少人、严重程度如何等等情况,以便警方迅速组织警力赶赴现场。

④向对方留下你的姓名及联系电话。

⑤打完电话后,应与周围的人一起保护好现场,同时注意自己的人身安全。

(2)火警电话119。在发生火灾、爆炸、化学物品危害或遇到落水、被困等非刑事类安全事故时,应及时拨打119电话求救。

①接通电话后,讲清楚发生了什么事情、在什么地方以及人身伤害情况等,注意地址一定要详细准确。

②回答对方的询问。

③告诉对方你的姓名及联系电话。

④在离事故现场较近的安全地带等待消防官兵到来,并为他们提供力所能及的支持和帮助。

(3)医疗救护电话120。在有人受伤或突发疾病,病情紧急而又不便直接送到医院的情况下,应拨打120急救电话,请求医护人员到现场进行紧急救治。

①拨通电话后,应询问"请问是医疗救护中心吗?"

②向对方讲清楚病人的年龄、性别、病情和地址。

③告诉对方你的联系电话和姓名,等待医护人员到来。

2. 施放求救信号

(1)声音求救信号。例如向外界大声呼喊、吹响哨子或猛击脸盆、门窗、墙壁等方法,向周围发出声响求救信号。

(2)光线和颜色求救信号。可以使用电筒照射、镜子反射太阳光,或挥舞颜色鲜艳的毛巾、衣服等,引起外界注意。

(3)其他求救信号。若被困高楼,可以向外抛掷纸条、塑料布等柔软轻巧的物品,向地面求救。在野外遇到危险,可点燃树枝、枯草等植物,发出火光和烟雾求救。

3.撤离危险场地

(1)正确识别避险和逃离标志,按指示方向撤离。在公共场所的墙壁上、门框等醒目位置,一般都设置有"太平门"、"紧急出口"、"安全通道"及逃生路径指示箭头,若发生危险,应按照指示牌标明的方向撤离。

(2)有序撤离。撤离危险场地时,要听从保安和警察和指挥,尽量不要慌张,避免走错方向和发生拥挤踩踏事故。高层楼房发生重大事故时,不要乘坐电梯,更不要慌张跳楼,以免发生新的危险。

(二)急救常识

1.外伤紧急处理

(1)皮肤划破出血时,首先用干净的纱布或毛巾擦掉伤口处的赃物,然后再用干净的纱布或毛巾压住伤口止血,然后送往医院治疗。

(2)皮肤烫伤或烧伤后,若出现红肿但未破皮,可涂一层牙膏,清凉表面,不要包扎。若皮肤起泡时,不要把水泡弄破,可用涂有凡士林的纱布轻轻包扎以减少疼痛。

(3)腰腿扭伤后,先冷敷,然后送医院检查治疗。

(4)若发生骨折,应先固定骨折部位不要活动,然后护住骨折部位送医院治疗。

2.窒息、休克急救

将病人平放在空气流通处,进行人工呼吸。人工呼吸办法见病人护理一章。

3.哽塞急救

小孩、老人吃东西时,若未完全咀嚼就下咽,容易被噎住,这时应用手掌在他的肩胛骨间猛击几下,可以帮助下咽。若不见效,应加快送往医院取出哽塞物。

4. 触电时的紧急处理

首先切断电源,若电线掉到地上导致触电,应使用不导电的干木棍、塑料棒等挑开电线,然后再采取人工呼吸等急救措施。

5. 煤气中毒的急救

煤气中毒时,病人会感到头晕、乏力、恶心、呼吸困难、抽搐、昏迷等。应立即将病人注意到空气新鲜的地方,给他喝热茶,帮助别人做深呼吸。若中毒较深,要及时送医院救治。

第十三章 宠物饲养

一、宠物饲养基本知识

宠物是人们饲养并供玩赏的动物。只要是能够被人们饲养的动物,都有可能成为人的宠物,如猫、狗、鱼、鸟、蛇、昆虫,甚至鳄鱼等等,但一般所说的宠物是指家庭豢养的受人喜爱的小动物。

(一) 养宠物的意义

人们饲养宠物,是因为人们喜欢这些动物,或因为其他原因而饲养宠物。比如,有的人养宠物纯粹是为了打发时间和好玩;有的饲养宠物是为了观赏;有的饲养宠物是为了看家;有的饲养宠物却完全是为了赚钱。

然而,家庭中饲养宠物,往往除了赏乐之外,很多人是为了发泄和寄托感情。特别是猫、狗一类对人类有一定依附性并显得特别友好的动物,不仅获得人们的喜爱,还被主人当作家中的重要成员,甚至当作自己的小孩一样喂养。据有关资料显示,在美国,83% 的宠物饲养者自称为宠物的"妈妈"或"爸爸"。有时,主人还会对它说话,以此来发泄心中的快乐或苦闷,消解一天工作的疲乏。人们普遍利用宠物活泼、可爱、善解人意的特性缓解烦恼、孤独与寂寞,并以对动物的宠爱来充实自己的内心世界。

当前,随着人们工作节奏加快,工作压力加大和收入水平的提高,城市饲养宠物的数量大幅上升。相关的产业也随之迅速发展,几乎每个城市都有了一个以上的"花鸟市场",宠物用品商场、宠物医院、宠物美容院等也比比皆是,宠物产业发展迅速。

(二)家养宠物的主要种类

动物的种类很多,生活环境和生活习性差别也很大。目前,被人们饲养最多的,主要是猫、狗,鸟类和鱼类,也有少数居民饲养其他一些小动物,如仓鼠、昆虫、乌龟、蛙类等。

1. 猫、狗

猫、狗属于哺乳动物,是以肉食为主的杂食动物。城市居民饲养的宠物狗主要是体型较小而且温顺忠实的玩赏狗,目前人工繁育的品种较多,如北京狮子狗、哈巴狗、沙皮狗、贵妇犬等。与狗相比,猫的体形更小巧,形态优美,性情温和,也会撒娇献媚,讨人喜欢;猫有长毛猫和短毛猫,最受人们喜爱的长毛猫是波斯猫,它体形较小,耳朵小而圆,眼睛又圆又大,两眼呈一黄一蓝的鸳鸯眼,身披长丝毛,特别美丽。短毛猫大多为国内的杂交猫,品种繁多。

2. 观赏鸟

鸟类属于卵生动物,大都羽毛丰满,能自由飞翔。人们饲养的大多数是羽毛鲜艳、鸣声优美的观赏鸟,如画眉、八哥、翠鸟、三宝鸟、红嘴蓝鹊等。另外,有些鸟经训练还可表演声音与动作,如牡丹鹦鹉、棕头鸦雀等。

3. 观赏鱼

家庭饲养的观赏鱼几乎都是个体很小、颜色鲜艳的金鱼、热带淡水鱼、热带海水鱼、锦鲤鱼等;家庭饲养的主要是热带淡水鱼,如孔雀鱼、燕鱼、灯鱼、斗鱼等。此外,中国金鱼由于品种繁多、体形优美、颜色鲜艳,也广受人们的喜爱。

(三)城市有关饲养宠物的规定

目前许多城市出台的有关宠物饲养管理的规定,绝大多数都是有关养狗的,相关规定的主要内容如下:

1. 免疫和登记的规定

许多城市都已出台了限制和规范居民饲养宠物的规定。如2005年1月1日正式实施的《贵阳市城镇养犬规定》，明确要求养犬人应携犬到农业行政管理部门动物防疫机构进行检查，注射兽用狂犬疫苗，领取标明有效期限的《家犬免疫证》和免疫牌，并凭免疫证和卫生费缴纳凭据到所属公安派出所办理养犬登记。

2. 禁止乘坐公共交通工具的规定

建设部发布《城市轨道交通运营管理办法》，明确规定乘客不能携带宠物乘坐地铁；《广州市公共汽车电车乘车规定》明确禁止携带活体禽、畜、宠物等动物上车；民航规定宠物一律不能随旅客一起进入客舱，若要携带宠物乘飞机，必须经航空公司同意，并提供当地卫生检疫部门的证明，在指定的时间，将所要托运的宠物用包装物或容器装好，办理托运手续。

3. 限制出入公共场所的规定

很多城市对携带宠物出入公共场所作出了严格的规定和限制。如《深圳市养犬管理条例》规定禁止携带犬只进入党政机关、医院、学校、幼儿园及其他少年儿童活动场所，影剧院、博物馆、展览馆、歌舞厅、体育馆、游乐场等公众文化娱乐场所，以及公园、社区公共健身场所、候车厅、候机室等公共场所。有些商场、饭店、宾馆等也明确规定禁止携带宠物进入。此外，不少城市对在公共场合遛狗也作了明确的时间和地点限制，并规定遛狗时不得践踏草坪，狗的主人必须及时清除狗的排泄物。

（四）宠物与人畜共患病

饲养和宠爱动物要特别注意防止传染人畜共患病。据有关资料显示，目前世界上已发现的人畜共患病达200种以上，我国已经发现由真菌、细菌、病毒和寄生虫引起的人畜共患病150多种，其中危害严重的疾病包括狂犬病、猫抓病、破伤风、鼠疫、血吸虫病、结核病、疟疾、蛔虫病、钩体病、脚癣、流感、鹦鹉热等。

1. 猫、狗传播的人畜共患病

（1）狂犬病。是由狂犬病病毒引起的人畜共患病，主要是被疯狗、疯猫咬伤而感染的。动物患病初期惊恐不安，怕刺激，随后变得狂暴，叫声嘶哑，后期精神浓郁，躯体麻痹，一般发病后 3～6 日死亡。猫、狗患病后容易抓咬伤人而传染该病。

（2）钩端螺旋体病。是一种一端或两端弯曲呈钩状的微生物，人接触了患病猫狗的尿、血或环境中的病原都可引起发病，出现头痛、疲劳、肌肉酸痛、发热、黄疸和有血尿等症状。

（3）弓形体病。是由极其微小的弓形寄生虫引起的，大多数动物和鸟类都带有这种寄生虫。猫是弓形体的宿主，人有可能被猫抓伤感染，引起淋巴结肿大、疲乏、发热和头痛等症状，孕妇感染后可能导致胎儿发育异常。

（4）猫抓病。是由猫身上带有的一种病原微生物（立克次氏体）引起的疾病。人被猫抓伤或由猫的排泄物感染，就会出现面部淋巴结发炎、全身乏力、关节痛、发热，四肢出现斑疹，有时甚至引起脑膜炎。

（5）旋毛虫病。是人吃了含有旋毛虫包囊蚴虫的猪肉、狗肉等或接触含有包囊蚴虫的新鲜粪便而感染的，患病初期发热、乏力、呕吐、腹泻，以后出现肌肉酸痛，行走、咀嚼、吞咽、呼吸困难、面部及眼睑发肿，厌食消瘦甚至死亡。

2. 鸟类传播的人畜共患病

（1）鹦鹉热。是一种由鹦鹉热衣原体引起的人畜共患传染病，引起肺炎、结膜炎、多发性关节炎、脑炎和孕妇流产等多种症状。

（2）禽流感。是一种由甲型流感病毒引起的流行性感冒综合症，主要通过粪便和空气传播，被国际兽疫局定为 A 类传染病，又称真性鸡瘟或欧洲鸡瘟。不仅是鸡，其他一些家禽和鸟类都能感染此病。患病家禽和鸟类精神沉郁，消瘦，打喷嚏、流泪、水肿、神经紊乱和腹泻,最后导致死亡。人类患上禽流感后,主要表现为发热、流涕、鼻塞、咳嗽、咽痛、头痛、全身不适等症状,少数患者特别是年龄较大、治疗过迟的患者病情会迅速发展成肺炎、急性呼吸窘迫、肺出血、胸腔积液等多种并发症。

二、狗的饲养

(一)狗的行为特性

1.嗅觉、听觉发达,反应灵敏

狗的嗅觉特别灵敏,是人类和很多动物望尘莫及的,它能够辨别任何物体留下的微小气味,并根据气味识别主人,辨别方位及寻找食物,可以从很远的地方通过细微的气味寻找到猎物或者回到主人身边。

狗的听觉范围广,灵敏度也比人类高,能够区别声音的微小差异,一些人听不到的细微震动,狗都能够听到,并且还能准确地从混杂的人声中找到主人。此外,狗的警觉性也很高,哪怕是在睡觉的时候,只要有一小点响声,它就会竖起耳朵,保持警觉,并且迅速地做出反应。但是,对于突如其来的声音,如打雷、放炮等,狗会感到十分恐惧。

狗的视力比人类差,而且还是色盲,但它能够灵敏地辨别各种颜色的亮度差异区分物体,对亮度的变化和物体运动也极为敏感,夜视能力也远比人类强,因此可以在晚上追逐猎物。

2.具有灵性,讨人喜欢

狗是群居性动物,喜欢与人亲近,且会以各种行为表达自己的情绪,因此也成为最早被人类驯化饲养的动物。在我国,狗陪伴人们生活也有 2000 多年的历史,并且自唐朝开始就将狗作为宠物饲养。狗大多活泼好动,见到主人时摇头摆尾,活蹦乱跳;希望得到赏赐时,又会不停地在主人身边转悠,或以乞求的目光望着主人,做出一副十分可爱的样子;主人回家时,它会欢天喜地地迎接。在经过一段时间与主人相处后,狗的行为能够达到与主人协调一致,并能够很快明白主人的手势、语音等命令而做出相应的动作。正是因为狗有这么多讨人喜欢的地方,所以才有那么多人把狗作为伴侣,尤其是一些子女离开自己的"空巢"老人和没有子女的家庭,更是把狗当成自己的子女一样对待。

3.忠诚和顺从主人

家庭饲养的宠物狗,都是经过人们长期筛选和驯化的,通常性格温顺,对主人忠诚,且具有保护主人的本能。例如,当主人受到其他动物的威胁时,狗会主动反击;在遇到地震、火山喷发等自然灾害时,狗会主动寻找自己的主人,甚至带领主人离开危险场地。

(二)狗的饲养管理

1.狗的驯养特点

狗有很强的记忆力,且能够通过训练形成许多受人喜欢的行为习惯。因此,家庭饲养宠物狗,应当从2个月左右大小的幼狗仔养起,这样便于训练和培养感情。狗成年以后,以前形成的行为习惯很难改变,难以训练,且它对以前的主人和住所有很深的记忆,容易逃回原地。当然,有些品种的狗,在幼龄时期难以辨认,这就需要在它成年以后购买或领养;而购买特殊用途的狗,如导盲犬等,就应当购买已经训练成熟的成年犬。

2.狗的饮食特性

(1)撕咬食物的能力强。狗的祖先是狼,属于食肉动物。在经过驯化以后,狗就成为了以肉食为主的杂食动物。狗的牙齿锐利,且撕咬食物力量强大,但不善于嚼碎食物,因此吃东西时吞咽很快。

(2)对蛋白质的消化力强。狗的唾液腺发达,能分泌大量唾液,便于消化食物和杀菌,并依靠唾液中水分的挥发来散热和调节体温。狗的胃酸较多,肝脏较大,分泌的胆汁较多,对蛋白质和脂肪的消化能力很强。但狗的肠管相对较短,对蔬菜等粗纤维的消化能力较弱,食后排便较快。因此,给狗喂食时,应尽量将食物做得碎一些,不要大块大片地喂。

（3）对饮食时间的控制较差。狗在自然状态下,会随时随地寻找食物,碰到适合的东西就会吃下去,而没有定时定量饮食的习惯。但对家庭饲养的宠物狗,一般都是定时定量喂食的,幼狗仔每天应采取少吃多餐的办法,一天喂 3～4 次;成年狗一般每天喂食 2 次。

（4）喜欢到处排便,并以此作为占领地盘的标记。犬的排粪中枢不发达,不能像其他家畜那样在行进状态下排粪。自然状态下,狗喜欢到处排便,并以此作为标记占领地盘,这是大自然中肉食动物的普遍特性。因此,要让狗在指定的地方排便,必须经过长时间训练。

3. 狗的饲料

（1）成品狗粮。成品狗粮基本上都是专门为狗生产的营养配方产品,营养全面,使用简单方便。适合于没有时间为狗做食物的主人,只要每天定时定量给狗喂狗粮即可。

（2）自做狗的食物。狗是杂食动物,对饲料没有特殊要求,只要将肉食、蔬菜等煮熟剁碎和米饭、面食等混合喂养即可。若狗身体虚弱,可以做一些一样丰富的食物,如将鸡肝、玉米面、熟鸡蛋、土豆、蔬菜等切碎煮（炒）熟后混合,或将猪、牛肉和少量蔬菜剁碎炒熟,加入少量食盐,然后与米饭或玉米面等混合喂养。

自己做狗粮时,注意尽量用瘦肉,不要油腻,盐少。人们吃饭时最好不要将含盐较重的食物和肥肉直接丢给够吃,也不要把人的饭菜拿去给狗当主食,以免伤胃和拉肚子。

（3）不适合狗吃的食物。有些食物不利于狗的消化和健康,喂食时要尽量避免。如巧克力、辣椒、生姜、洋葱、大葱、鸡骨头和鱼刺（容易划伤食道或胃）、生鸡蛋、生肉、葡萄（容易过敏导致肾衰竭）、野生菌等。

(三)狗的卫生管理

1.训练小狗定点排便

(1)确定小狗在家里排便的位置。一般选择在厕所、屋角等避开人们日常生活视野的地方,在这些地方摆放小狗排便的用具用品,如垫上一块板、一个边沿较浅的纸盒或一张粘有狗尿或少量粪便的布片。

(2)将狗引到制定地点排便。一般来说,小狗经常会在一觉醒来或者进食之后就会排便,这时你要注意观察,当它满地乱闻,转圈圈或准备摆出排便的姿势时,就要赶快抱着小狗到指定地点,轻声安抚它,使它安静下来,然后走到一旁,等它排便后,在用一小点食物奖励它。如此反复多次后,它就会形成到指定地点排便的习惯。

如果小狗到处排便,在刚排完便时可以采取轻打或大声叱喝的办法惩罚它,但不要在排完便很久后再去惩罚它,因为这时它不明白你的意图,反而会引起恐惧而不知所措。

对于成年狗来说,可以定时带狗出去溜达,让它形成在外排便的习惯。但要注意随时清除干净,不要影响公共卫生,遛狗回来后要及时清除狗身上的赃物。

2.给狗洗澡

一般来说,3个月以内的小狗不宜经常洗澡,以防感冒;病狗不宜洗澡,防止加重病情。若狗的身上太脏,可以用湿毛巾差干净,或用干洗粉为狗洗身。对于健康的狗,一般可以半个月左右洗澡一次。如果频繁洗澡,会使狗毛变得粗糙。

为狗洗澡的方法如下:

(1)准备一个洗澡盆,装入适量的温水和洗澡液,水温40度左右,以感觉不烫手为宜。

(2)洗澡前用梳子梳理一遍皮毛,以免洗澡过程中打结。

(3)洗澡的过程中要不断安抚,防止狗惊恐不安甚至逃脱。

(4)洗澡时一般先洗身上后洗头部,注意保护眼睛和耳朵,防止洗澡液流入。

(5)洗完后用清洁的温水清洗一遍,然后用毛巾擦干或吹干,并再梳理一遍皮毛。

3. 狗的耳、眼、鼻、牙护理

(1)耳朵护理。一是清洁耳道。用棉球将狗的外耳道擦拭干净,清除耳内污垢。如果污垢比较硬,可以向狗的耳内滴2滴宠物专用滴耳油,待硬的耳垢会变软后,用棉棒擦干净。二是为狗修理耳毛。如果狗耳道内的耳毛过密,会影响通气和听力,甚至导致耳道发炎。因此,适当的时候应当用修毛刀或小剪刀为狗修剪耳毛,注意不要损伤耳道。

(2)眼睛护理。应当每天用温水擦拭眼睛周围,并及时用干净棉花或毛巾清除眼屎和泪痕,以便保持健康明亮的眼睛。若有条件,可以每2天向狗的眼睛滴1~2滴宠物滴眼液进行眼部护理,预防炎症。如果眼屎过多或眼睛有血丝出现,可以用氯霉素眼药水滴眼治疗。

(3)鼻子护理。如果狗的鼻子皱褶较多,皱褶中间就会出现污垢甚至红肿化脓,应定期为狗清洗皱褶并消炎。方法是:用棉球将褶皱部位的赃物清理干净,然后用棉球沾少量医用酒精擦拭,在用消炎药膏涂抹患处,注意酒精和药物不要弄进狗的鼻子里。

(4)牙齿护理。如果狗的牙齿出现问题,就会引起口臭甚至发炎,因此,应当适时给狗清洗牙齿,保持健康。方法是用软毛巾或消毒纱布为狗擦洗牙齿,用小镊子夹出齿缝中残留的食物,或用小牙刷为狗刷洗,但不能使用人用的牙膏。

4. 环境及饮食卫生管理

(1)保持狗生活的环境清洁干净。要经常清洁狗窝,狗用的布块等应随时清洗干净,被大小便弄脏的东西要及时清洗或者扔掉。外出遛狗时不要让狗到垃圾池等脏的地方,以防染病;狗在公共场所排便后要及时清理干净,以免污染环境。

(2)饮食卫生。狗的饲料要干净,不要给狗吃生的东西。食物要让狗一次吃完,不要让它吃过夜或霉变发臭的食物。

(四)狗的疾病防治

1.狗的疾病预防

家养的宠物狗一般不容易生病,但为了保障人与狗的健康,一定要按时为狗接种疫苗。

(1)接种时间。小狗在产生 2 月后就应进行第一次疫苗接种,以后每隔两周再接种一次,共 3 次。若幼狗没有注射,成年狗注射第一针疫苗后,隔 3~4 周再注射一次,以后每年注射一次以加强免疫。

(2)疫苗种类。狗使用的疫苗多数是可以预防几种疾病的四联或六联疫苗,一般选择六联疫苗,并在第三次接种时(成年狗第二次接种时)增加狂犬疫苗。

(3)接种方法。将宠物带到宠物医院或卫生防疫站,在经过医生检查确认健康后由专业人员接种。注意接种过程中要采用同一品牌的疫苗,否则容易导致免疫失败;疫苗应保存在 2~5 度的冰箱中,最好放在宠物医院保存,不要带回家中;接种期间要减少外出,不要与其他狗接触,并且不能洗澡。发情期的母狗应在发情结束 1 周以后再接受疫苗。

2.驱虫

狗的肠道经常会有寄生虫,刚出生的小狗也会从母体中感染,因此,应注意定时驱虫。一般小狗在出生后 20~25 天时就应该进行第一次驱虫,40~45 天时进行第二次驱虫;成年狗应每年驱虫一次。

驱虫药应从正规的宠物医院或防疫站购买,并注意药物的使用对象和使用方法。

3. 狗的常见疾病及治疗

(1) 犬瘟热。多数发生在 1 周岁以下的幼犬,前期表现流眼泪和鼻涕,体温 40 度以上,几周后出现严重的呼吸道和消化道炎症,腹泻呕吐,口角糜烂,皮肤出现疱疹,身体消瘦,容易导致死亡。治疗方法主要依靠注射抗体和抗生素,应通过正规宠物医院检查和治疗。治疗过程中注意补充葡萄糖和盐水,并根据病情好转情况适时喂一些清淡的流质食物。

(2) 病毒性炎症。主要是由病毒引起的肠炎和心肌炎等。表现为拉稀、便血、嗜睡,体表温度下降,耳、鼻和四肢末端发凉,呼吸困难等症状。主要治疗方法是注射抗生素和免疫球蛋白等药物,并补充葡萄糖液及补液盐水。

(3) 腹泻。引起腹泻的原因很多,除感冒、肠道感染等原因外,吃了骨头和人吃的饭菜也会引起腹泻。如果是轻微的腹泻,一般喂狗吃土霉素或者庆大霉素即可。严重时应到宠物医院检查治疗。

(4) 感冒。一般是受凉后表现流鼻涕、眼屎重、咳嗽、腹泻等症状。如果轻微,可以喂小儿感冒冲剂、板蓝根冲剂或庆大霉素液;如果拉肚子严重,应先喂土霉素止泻,并补充葡萄糖水和补液盐水。

(5) 螨虫和皮肤病。如果狗不停地咬身上的皮毛,掉毛或皮屑多,就可能有螨虫或皮肤病。主要预防和治疗方法是用宠物浴液洗澡,使用杀螨药物涂抹皮肤,避免到草丛和垃圾成堆的地方去,遛狗回来后及时清除身上的脏物,食物中适量加入维生素B 等。

4. 家庭常备药物及用途

(1) 医用酒精、双氧水、棉球:清洗皮外伤口,杀菌消炎。

(2) 云南白药:涂抹在出血伤口上止血消炎,伤口要包扎一下,以防狗舔食。

（3）紫药水：消炎并预防伤口感染。

（4）红霉素软膏：涂抹皮肤表面，用于消炎。

（5）百多邦软膏：涂抹在皱褶部位消炎。

（6）氯霉素眼药水：滴眼治疗眼睛发炎。

（7）土霉素：磨碎拌于食物中治疗狗拉肚子

（8）庆大霉素：治疗狗拉肚子或呕吐，食物不振，感冒等。

（9）多酶片、胃蛋白酶片、复合维生素片：帮助消化，提振食欲。

（10）板蓝根冲剂：预防和治疗狗感冒。

（11）消炎型婴儿爽身粉：预防和治疗皮肤痱子、湿疹。

三、猫的饲养

（一）猫的行为特性

1. 生性孤独，喜欢独自活动

猫具有发育完好的大脑和强健灵活的肌肉，动作灵敏，记忆力强，能很快适应新环境，且喜欢独自活动，不喜欢其他猫闯入自己的领地，行为任性，喜欢玩弄小东西，且经常乱撕乱咬，破坏家中摆设的物品。

2. 夜视能力强，喜欢晚上捕猎食物

猫的眼睛较圆，而且有绿色、金黄色、蓝色和古铜色等颜色，瞳孔收缩度大，能够广范围地收集和调节光线，因此夜晚视力特别强，适合晚上捕食老鼠。

3. 脚爪锋利，便于攀爬和捕捉老鼠

猫的每只脚下有一大的肉垫，每一脚趾下又有一个小的趾垫，能够在行动时起缓冲作用，悄悄袭击猎物。猫的爪呈三角沟形，非常锐利，可以牢牢地抓住猎物和树枝等攀爬物。猫的前爪非常灵活，可以抓举食物、拍打物体等；而后肢则特别强健，能够快速地跳跃或奔跑。猫的触须（胡子）能够敏锐地感觉到微小的空气震动

和压力变化,从而感知物体的大小和距离。

4.与人亲近,讨人喜欢

与狗相比,猫更小,且体形优美,眼睛漂亮,更爱"撒娇"。猫喜欢与人在一起,会经常围着主人摆尾、转悠,用舌头舔主人的手脚,或者主动爬到主人的膝盖上玩耍;抚摸它时,会表现得特别顺从可爱。

5.嗜睡,爱清洁

猫是家养宠物中最爱清洁卫生的,它总是喜欢呆在干净明亮的地方,特别是家里的沙发、床上等柔软舒适的地方睡觉。猫一天中有一半以上的时间都在睡觉,因此也有"懒猫"之称;但睡觉时大部分时间都保持着高度的警觉性,也很容易醒来。

猫爱清洁,一般不会随地排便。对于自己排出的大便,总是喜欢刨些泥沙掩盖住。

(二)猫的饲养管理

1.猫的饮食特性

(1)以肉食为主。猫和狗一样,也是以肉食为主的杂食动物,因此,其食物里要求要有较多的蛋白质。如果老是让猫吃一些残羹剩饭,会导致营养不良,身体的抵抗力降低,容易生病。

(2)喜欢吃生肉。猫天生是捕食老鼠的高手,因此喜欢吃生肉。但为了减少被带病生肉感染的危险,家养宠物猫还是应该以熟食为主。

2.猫的饲料及喂养

(1)成品猫粮。到宠物商店购买加工好的猫食,方便快捷,营养丰富。但要注意不同大小及体型的猫食配方不同,购买时要看清,并当根据说明书上的量进行喂食。例如,幼猫粮比成猫粮含有更多的蛋白质及脂肪,肥胖的猫要吃低热量的食物,生病或怀孕的猫应该在兽医的指导下选择食物。

(2)自制猫食。鱼及家畜、家禽的内脏、瘦肉等都是猫最喜欢的食物,但长期单一的喂食会导致猫挑食,应当多种食物交替喂食,让猫习惯各种口味,方便喂养。

家中给猫喂食时,可以将肉剁碎煮熟,然后与米饭拌匀后喂养。有些内脏如猪肝等,可以拌拌饭或者当零食喂。但要注意不要给猫吃腐败变质的肉,以免生病。

(3)定时定点喂食。小猫仔应少吃多餐,健康成年的大猫一般一天喂食2次,要养成定时定点喂食的习惯,且应掌握好喂食的量,让它能够一次吃完。此外,喂猫的地方要安静,并且位置和用具要固定,不要经常更换,否则猫会拒食。

猫喜欢温热的食物,冷、硬的食物尽量不要让它吃,以免损伤肠胃。猫的饮水较多,因此,喂食的地方应放一碗干净水,并且要每天更换,保证水质新鲜。

猫有用爪子捞取食物或把食物叼到外边吃的习惯,若发现这种情况要立即制止,并坚持不断,直到它改变这种习惯。

(三)猫的卫生管理

1.用品用具卫生

猫的用品用具包括食具、卧具等。猫爱清洁,因此猫舍要随时清扫干净,否则它就会换地方甚至跑到主人的床上睡觉。

由于猫有排便后自行掩盖的习性,因此,猫的排便场所要选择在一个偏僻安静的地方,用盆或盒子装3~5厘米厚的干燥细沙,用一张卫生纸沾一点猫尿丢在沙子上,当看到猫焦急不安或转圈时,把猫引到便盆处,让它闻着沙子和纸上的尿味排便,多次训练后它就会形成在沙子上排便的习惯。发现猫排便后,应当等它离开排便地点,然后及时清除沙子中的粪便,补充或更换干净沙子。

如果猫在其他地方大小便后,应当及时用水和洗涤剂洗掉上面的气味,然后撒些香水或花露水,否则下次它会闻着气味再去那里大小便。

2. 为猫修剪指甲

猫的指甲(爪子)很尖锐,应该指甲剪经常修剪磨平指甲,否则它会经常抓扯破坏家里的东西,甚至抓伤大人小孩。特别是有幼儿的家庭,更要勤为猫修剪指甲,并防止幼儿单独与猫玩耍,以防出现意外。

此外,猫有磨爪子的习惯,经常会爬在门上或家具上反复抓,很容易导致家具损坏。因此,家里最好准备一个猫用的磨爪器供猫抓磨,平时看到猫在家具上磨爪时要及时制止。

3. 猫的行为调教

猫与狗不同,往往喜欢蹦到床上或桌子上。要制止它的这种习惯,首先主人就不要让猫咪和自己同睡,而是要让它一直在自己的窝里睡觉;其次是发现猫咪跳床时要马上把它赶下来,千万不要纵容它到处乱跳。

4. 给猫洗澡

猫经常会舔自己的毛,以清洁皮肤,因此,只有在猫的身上太脏时,才给猫洗澡。

给猫洗澡通常很困难,因为大多数的猫都怕水。因此,洗澡前应该先沾一点温水对猫进行抚摸,让它安静下来并消除对水的恐惧感,然后再用温水擦洗身上和头部。如果猫挣扎得很厉害,可以把它放进柔软的布袋里,只露出头部,然后再把猫和布袋放入加了洗澡液的温水水中,通过布袋在猫身上按摩擦洗,最后用干净的温水清洗后吹干并梳理皮毛。注意洗澡过程中不要让猫吹风受凉。

5. 耳、眼、牙的清洁护理

(1)耳朵护理。一般情况下,猫咪左右转动头部就可将耳朵里面的污垢和水分甩出。如果耳朵里面很脏,可以用棉球沾一点宠物洗耳液,伸入耳道内清理耳垢。如果耳朵里出现黑色污垢时,有可能是得了疥癣或耳炎,应到医院检查治疗。

(2)眼睛护理。若猫的眼睛有眼屎或流泪,应当为它洗眼。

可用纱布或棉球沾温水擦洗,然后向猫眼睛里滴入氯霉素眼药水,以消除炎症和保护眼睛。

(3)牙齿护理。吃肉多的猫,很容易出现牙垢,引起口臭和炎症。因此,应经常用湿纱布或毛巾缠在手上,伸入口中为猫洗牙,也可以用小牙刷为它刷牙。

(四)猫的疾病防治

1.接种疫苗

注射疫苗是预防疾病最好最有效的办法。养猫和养狗一样,也需要定期注射各种疫苗。一般来说,小猫在出生2个月左右时,就应带到兽医站或防疫站做健康检查和疫苗接种,然后每隔4周左右再注射2次,共3次。成猫也应该每年做一次疫苗注射,以加强免疫。

目前给猫注射的疫苗有三联疫苗(针对泛白血球减少症、病毒性猫鼻气管炎、猫流行感冒)、狂犬疫苗等。

2.常见病及防治

(1)猫瘟热病。是一种病毒引起的肠道传染性疾病,病猫表现为呕吐、发热、腹泻、便血等症状。此病传染性极强,一旦发病,应立即隔离;发病早期可以注射和输液治疗,若表情较重,应立即捕杀深埋或焚烧,并报告防疫站,对家庭及其所接触的环境作严格消毒。

(2)腹泻。多数是因为猫吃了变质的肉或者受凉感冒而引起的,一般用土霉素拌入猫食中喂食即可痊愈。

(3)中毒。猫吃了毒死的老鼠或者含有毒素的食物,就会出现呕吐、疼痛等中毒症状。若中毒不深,可以立即给猫的肠胃里灌入肥皂水洗肠,然后到兽医站或宠物医院检查治疗。

(4)皮肤真菌病。真菌感染引起的皮肤病是猫的常见病。尤其是长毛猫,患病后会出现脱毛及皮屑,并会不停地用舌头舔患处,导致发病部位扩大。

一旦发现猫咪有皮肤异常的状况时,人最好不要与猫亲密接触,以免传染。最好用笼子装猫咪,然后提到宠物医院或兽医站检查和治疗。

(5)外伤。若发现猫咪受伤出血,应将伤口周围的毛剃掉,用温开水或双氧水清洗,然后用消炎药包扎伤口。若出血不止,应用干净纱布或棉花缠住伤口部位止血,或用冰块贴在伤口上让血液凝固,然后送往医院救治。

猫咪出现外伤后,很容易感染化脓,因此应注意涂抹消炎药并用纱布包扎,以免猫咪用舌头舔伤口。

(6)寄生虫病。主要有蛔虫、绦虫等。大猫可以用史克肠虫清半片,分两次拌入猫食中喂食,小猫应适当减少药量。

四、金鱼的饲养

(一)金鱼的特性

1. 体温随环境而变

与猫狗不同,金鱼属于水生的变温动物,身体的温度会随着水温的变化而变化。适于金鱼生存的水温最高为28℃,最低为4℃,最适合的水温是20℃左右;水温越高,金鱼的新陈代谢和生长发育就会越快,但温度过高,就会导致代谢紊乱甚至死亡。

2. 体态、花色变化大

金鱼的祖先是野生鲫鱼,即金鲫,而鲫鱼只在中国等少数国家才有,因此,中国是金鱼的故乡。

在长期的进化过程中,金鱼的体态、颜色等出现了越来越多的变化,观赏性也越来越强,因此饲养的人也越来越多,尤其是深受小朋友们的喜爱。

3. 杂食性

金鱼虽然不大,但可以通过鳃过滤和吸食鱼虫等微小的浮游生物,也可以取食小型的植物种子,是典型的水生杂食动物。

(二)金鱼的饲养管理

1. 养鱼器具

(1)鱼缸。家庭喂养金鱼一般使用鱼缸,大小视金鱼的个体及数量而定,一般选用中小型的玻璃鱼缸;如果临时喂养,也可以选择一般的盆或水桶。此外,为达到美观的目的,可以在水缸中放置一些沙石、贝壳和水草,但不可过多。

(2)网兜。为便于捞鱼换水,应准备小型捞鱼网兜或勺子。

(3)塑料或橡胶软管。用于插入鱼缸底部吸取沉淀到水底的脏物。

(4)充氧机。即一个小型的电动充气机,将空气加压后通过一根塑料管向水的底部充气(气泡从水底往上冒),以补充和调节水中的氧气。

(5)温度计。用于测量水温,若水温过低时应适当加热或补充适量热水。

2. 水质管理

(1)适时换水。鱼缸中安装了充气管后,虽然可以保证水的含氧量,但由于鱼饲料的残留和鱼的排泄物不断积累,一般几天后鱼缸中的水就会变得浑浊,这时就应及时更换新鲜水。

若使用自来水更换,应先用水桶装水并放置10分钟左右,以沉淀自来水中的渣滓和挥发漂白粉的气味,避免对鱼造成伤害。换水时最好将鱼捞出,然后取出里面的装饰物,将鱼缸清洗干净后再装入新鲜的水。若鱼缸不太脏,也可以部分换水,即直接用软管插入鱼缸中约三分之二的深度,吸出部分水,然后再缓慢地补充新鲜水到鱼缸中。

(2)随时清除水中的脏物。若鱼缸中存在漂浮物,应及时捞出。若水底有脏物沉淀,可以将橡胶软管或玻璃吸管伸入鱼缸底部,吸出水底的脏物。

(3)保持充氧机运转正常。鱼缸中的水是不流动的,全靠充氧机补充氧气。若充氧机停转，水中的氧气将很快被鱼和水草耗尽，若不及时换水，鱼就会因缺氧而死亡。因此，应随时注意充氧管是否有气泡冒出。

3. 金鱼的饲料及喂养

金鱼的食物很杂，但在不同的生长阶段，所需要的营养是有所区别的。因此，要根据金鱼的发育期及大小投喂饲料。

（1）小鱼的饲料。出生一周内的小鱼仔以鸡蛋黄为主，一周后可以喂绿藻，等到长到 1 厘米以上时，就可以吃草履虫、鱼虫等小型浮游动物了。

（2）成熟金鱼的饲料。成熟的金鱼食物很广，除了轮虫、水蚯蚓、蚊子幼虫等小型水生动物外，猪肝、猪血、麦粉、麸皮、米糠、豆腐、菠菜、浮萍、饭粒、爆米花等都可以作为金鱼的食物。或者购买加工好的鱼饲料投喂。如果金鱼生病，可以将药粉混于饲料中投喂。

（3）不同季节的投喂量。一般来说，春、夏、秋三季鱼的代谢旺盛，饲料投放应当多一些，而冬季金鱼活动较少，投喂量应随之减少。但不管在什么季节，投放的饲料都应在半小时内吃完，不要让饲料残留在水中污染水体。

（三）金鱼的疾病防治

1. 金鱼发病时的表现

金鱼生病后，往往表现如下症状：

（1）行动迟缓，漂浮在水面、侧卧、倒立或沉于水底。

（2）鱼鳞失去光泽甚至脱落。

（3）体表局部红肿发炎、溢血或溃疡，鱼鳍或鱼鳃充血。

（4）鱼的身上有白色絮状物、排泄物异常等。

2. 疾病预防和治疗

金鱼得病后，治疗起来往往很困难，因此，应重视预防和早发现早治疗。常用办法如下：

（1）将药物混合于饲料中投喂。在鱼仍然可以吃饲料的情况下,可以将痢特灵、大蒜素、土霉素、磺胺类、维生素等药物磨成粉,适量拌入饲料中投喂金鱼,起到预防和治疗早期真菌、细菌感染引起的疾病。

(2)药液洗浴。将病鱼放在按特定比例配制的药液中浸浴,药液浓度和浸浴时间视鱼的大小、水温及发病程度而定。浸浴过程中注意观察鱼的反应,若出现翻白等不良反应,应及时转移到新鲜清水中。

五、鸟的饲养

(一)家庭饲养鸟的类型与特性

1. 形态优美型

人们饲养这类鸟主要是看重它的外观,即样子好看、羽毛鲜艳、眼形独特等,如红肋绣眼鸟、红嘴相思鸟、黑尾蜡嘴雀。

2. 声音动听型

有很多鸟虽然外观不怎么样,但叫声悦耳动听,如黄眉柳莺、金丝雀等。

3. 能歌善舞型

这类鸟不仅叫声悦耳动听,而且往往还边唱歌边跳来跳去,仿佛就是在表演歌舞一样,如画眉、百灵、云雀等。

4. 智慧型

有的鸟不但体型美观,声音好听,而且经过特殊训练还能模仿人的声音和动作,如鹦鹉、八哥等能够模仿人的简单语言。

5. 功能型

某些鸟具有能够为人类服务的特殊功能,如信鸽能够远距离识途送信,人们饲养它就是想利用它的这种特殊功能。有些鸟经过训练还可以表演空中接物、开抽屉、叼物、开锁取食、带假面具、提吊桶或提灯笼等各种技艺。

以上是从人们养鸟的目的来划分的。但在生物分类上,观赏鸟的种类繁多,且生活习性与食物结构也千差万别,对饲养的环境和饲料要求也各不相同。

(二)鸟的饲养管理

1. 饲养环境

(1)鸟笼的基本要求。飞行是鸟类的天性,因此家庭养鸟只能笼养。鸟笼有木笼、塑料笼和竹笼,其大小、形状及配置因鸟的种类不同而不同,一般花鸟市场均有现成的鸟笼出售。

总的来说,鸟笼应给鸟留下足够的活动空间,里面应配备2～3根供鸟站立和跳跃的横杆,一个装饲料的食槽和一个饮水器。

(2)养鸟的环境要求。鸟生性胆小,怕惊扰,因此鸟笼应挂在较为安静的地方,如阳台、屋顶等地。鸟熟悉周围的环境后,不要轻易移动鸟笼的位置,否则容易引起鸟的惊慌。人在接近鸟笼时,要先发出声音或其他形式的信号,让他先看到人,再慢慢接近,以减缓它的紧张状态。

鸟对猫、狗、蛇等动物十分害怕,因此鸟笼要尽可能悬挂高处,远离其他动物的出没场所,防止遭受意外攻击与伤害。

鸟对温湿度的适应范围比较广,但应注意不要让鸟淋浴和暴晒。如果同时饲养雄鸟和雌鸟,应让他们所处的环境基本相同,以保持发情期基本一致。

2. 鸟的饲料及其喂养

鸟与陆生动物不同,为了减轻体重,适合飞行,体内不能贮存大量饲料,因此食量大、排泄快,而且需要不停地进食,因此不可能向其他动物那样一天只喂3次。

鸟的饲料按照来源和形态可以分为青料、颗粒饲料和粉料。

(1)青饲料。即新鲜的植物枝叶或根茎,包括叶菜类、根茎类、瓜果类和叶菜类。如蔬菜、青草、胡萝卜等,是维生素的主要来源。饲喂方法是将其洗净后直接放置在鸟笼内让鸟啄食,或切碎后与其他饲料混合放置于食槽中。

（2）颗粒饲料。主要是未经加工的植物籽实，适合于喙短而厚，可以咬开、剥离籽实外壳的硬食鸟类，如芙蓉鸟、蜡嘴雀等。

不同的植物籽实所含的营养成分有所不同。谷物类的种子，如粟、稗、稻、玉米、高粱、小麦等所含淀粉较多，适合作鸟的主食；而油料作物的种子，如苏子、麻子、菜子、葵花子、松子、花生、芝麻等，所含的植物脂肪较多，适合于给鸟补充营养。颗粒饲料一般直接投放在食槽中，方便携带，使用简单，但要注意应与其他饲料交替喂食。

（3）粉料。是用植物种子磨成粉（如黄豆粉、玉米粉等），与干鱼、蚕蛹、熟鸡蛋等混合磨细而成的饲料。这类饲料所含营养成分多，营养丰富，适合于以昆虫等小动物为食的软食鸟类，如画眉、红嘴相思鸟等。

以上饲料在饲喂过程中，都应该注意交替使用，避免造成挑食。同时，应每隔 1～2 天适当给鸟喂一些细沙石，因为鸟的嗉囊需要沙石以帮助磨碎和消化食物。

（三）鸟的卫生管理与疾病防治

1.鸟的卫生管理

（1）笼舍的清洁卫生。鸟的食量大、排泄多，而且鸟的排泄系统结构特殊，输尿管从肾脏发出后直接开口于泄殖腔，所以鸟的尿液和粪便都由泄殖腔排出体外的，并且可以边运动边排便。因此，鸟笼里很容易积累较多的鸟粪，接粪板、粪垫要勤洗或更换，并经常打扫和清洗鸟笼，以免滋生病菌。

（2）让鸟儿"洗澡"。许多鸟都喜欢用喙叼水到身上或者让羽毛接触水面以清洁皮毛。尤其是炎热的夏天，家庭笼养的鸟常常会叼起笼内的饮用水往身上甩，以便清洁羽毛、减低体温和去除皮肤寄生虫。因此，在天气炎热的时候，可以从笼顶用清水滴淋在鸟体上，或用稍大一点的水缸盛水放置在鸟笼中任其扑腾。

（3）修剪和整理喙、爪和羽毛。由于活动（飞行）减少，笼养鸟的喙、爪和羽毛常会生长过长,应及时进行人工修剪。修剪过程中注意固定鸟儿,喙、爪应从末端开始修剪并用细砂纸或细锉轻轻磨去棱角,不要修剪太深以免出血。受损的羽毛也要修剪或拔除,若受损或折断的羽毛较多,应分几次拔除,以减轻对鸟的伤害。

2. 鸟的疾病预防

(1)接种疫苗。对于一些危险性高、易发多发的疾病,如流感、禽痘等重要传染病应尽早采取接种疫苗的方法进行预防。这类疫苗一般防疫站和兽医站均可接种。

(2)用具消毒。鸟笼及鸟的饮食用具很容易滋生病菌,特别是在炎热的夏天,温湿度特别适合病菌的繁殖,鸟的饲料、粪便等残留在鸟笼内,又为病菌提供了充足的营养,病菌繁殖得更快。因此,应适时对鸟笼、食槽、饮水器等进行消毒,以预防病菌对鸟儿造成侵害。消毒药品可以用氢氧化钠、漂白粉或过氧乙酸水溶液,消毒方法是喷洒鸟笼及其周围的环境,并用药液清洗鸟的用具后再用清水清洗干净。

(3)隔离预防。若发现群养的鸟中有一只生病,就应当立即将它隔离出来治疗,以免感染其他健康鸟。在引进新鸟时,也不能马上将其与原来的鸟放在一起饲养,而应分开饲养至少3个月,在确认新鸟无病后再放到一起喂养。

3. 鸟的常见病治疗

笼鸟的常见病可以分为生理性疾病、传染病和寄生虫病。生理代谢性的疾病多是由于饲养管理不当造成的营养缺乏或代谢失调;传染病是由真菌、细菌和病毒引起的,可以通过食物、空气或接触传染。有些疾病还能够传染人,是人畜共患病,要特别注意预防。

鸟的常见疾病及其治疗方法如下:

(1)感冒。多在秋冬季节发生,病鸟表现出精神不振,喘气,体温升高,流鼻涕等症状。可用磺胺嘧啶混于饲料或饮水中喂食,每天2~3次,连喂3~5天。

(2)肺炎。病鸟出现精神萎靡,食欲不振,闭目无神或将头伸入翅下,怕冷,体温升高,呼吸急促等症状,死亡率较高。主要治疗方法是:用泰乐菌素、庆大霉素或卡那霉素与饲料或饮水混合喂食,每天2次。

(3)肠炎。病鸟出现消化不良,拉稀,无精打采,食欲减退,羽毛松乱等症状,多数是由于饮食不干净引起的。主要治疗方法是:将痢特灵与饲料或饮水混合喂食,每天2次。

(4)中暑。夏天气温过高,加上空气不够流通的情况下,鸟儿容易出现烦躁不安,呼吸急促,体温升高,喘气,乏力等中暑症状。治疗办法是立即将鸟转移到阴凉的地方,给它喷洒冷水降温;若中暑严重,可以将少量十滴水或藿香正气水稀释后给鸟喂食。

第十四章 庭院植物养护与美化

　　家庭环境中适当布置一些植物,不仅可以起到美化居住环境、改善空气质量的作用,还可以使家庭成员在养护植物的过程中体验生活的乐趣,改善生活品质。因此,现代城市家庭大都喜欢在自家的庭院和房间里种植和摆放一些观赏植物,相应地,庭院植物养护就成了现代家庭日常生活所需。

一、庭院植物的类型和搭配

(一)庭院植物的类型

1.按照植物自然属性分类

(1)按茎的质地分类

①乔木。有明显的主干,分枝较高的木本植物。如广玉兰、樟树、樱花、桂花等。

②灌木。是一类矮小成丛,没有明显主干的木本植物。如月季、牡丹等。

③花草。属于草本植物。如牵牛花、兰花等。

④攀援植物。属于茎长而沿着其他物体(如建筑物)表面攀升的藤本植物,包括木质藤本和草质藤本两大类。木质藤本如爬山虎、常春藤、野蔷薇、葡萄、金银花等;草质藤本植物如牵牛花、小葫芦等。

(2)按对光的需要分类

①阳性花卉。生长发育需要较多的阳光,又叫喜光植物。如玉兰、月季、石榴、梅花、三色堇、半枝莲等,适合种植在院坝中。

②中性花卉。对光的要求一般。如茉莉、桂花、地锦等。适合于在阳台上盆栽。

③阴性花卉。喜欢阴暗潮湿的生活环境，又叫喜阴植物。如文竹、绿萝、橡皮树、竹类等，比较适合于在室内盆栽。

（3）按对温度的要求分类

①耐寒花卉。能忍耐零下 20 度左右的低温。如迎春花、海棠等。

②半耐寒花卉。能忍耐零下 5 度左右的低温，如郁金香、月季等。

③喜温植物。一些叶厚多汁的植物，气温达到 0 度以下就会冻死。如文竹、一叶兰等。

2. 按照植物的观赏价值分类

（1）观花植物

这类植物以花作为人们的主要观赏物。花卉植物不仅野生种类多，人工培育的品种也越来越多。这类植物的主要特点是：

①花色鲜艳。有的呈纯净的单色，有的同一植株上有几种不同的颜色，五彩缤纷。

②多数花朵具有浓郁、芬芳的香气。如牡丹、茉莉、桂花等发出的香气令人熏陶。

③花姿优美，形态各异，让人赏心悦目。如优雅的兰花，奔放的喇叭花等。

（2）观叶植物

这类植物叶形奇特或色彩鲜艳。如龟背竹、变叶木等。

（3）观果植物

这类花卉果实较多、果形奇特或色泽艳丽、结果时间长。如金桔、冬珊瑚等。

（4）观茎植物

这类花卉叶片稀少或无，而枝茎却具有独特的风姿，如光棍树。

（二）庭院植物的选择和搭配

1.庭院植物的选择

家庭环境空间有限，在植物选择上宜求精而忌繁杂，避免给人拥挤感。当然，庭院及室内植物的选择最终是由主人的喜好决定的，不同的人有不同的风格，不可强求。但一般来说，选择庭院植物可以从以下几个方面考虑。

（1）院坝、屋顶等比较宽敞和阳光充足的地方，可以选择栽培稍大的乔木、灌木，并配以适当的花草造型，使庭院显得美观大方。

（2）客厅以造型生动的盆栽花卉或常绿植物为主，茶几上以低矮的盆栽花卉为主，装饰柜上可以放置稍高的常绿植物。

（3）卧室应摆放相对较小的盆景，颜色不要太鲜艳，使室内呈现温馨和静谧的氛围。

（4）书房要以兰花、棕竹、文竹等显得文静、雅致的盆景植物烘托文化氛围。

据有关资料显示，有些植物对室内空气净化具有特殊作用。如吊兰对装修后室内残存的甲醛、氯、苯类化合物具较强吸收能力；芦荟、菊花等可以减少居室内苯的污染；月季、蔷薇等可吸收硫化氢、苯、苯酚、乙醚等有害气体；龟背竹、一叶兰等叶片硕大的观叶花草植物，能吸收80%以上的多种有害气体；芦荟晚上不但能吸收二氧化碳，放出氧气，还能使室内空气中的负离子浓度增加。

此外，室内摆放观赏植物，虽然能够美化家室，但要注意：

第一，叶片宽大的植物晚上容易消耗较多的室内氧气，因此不宜摆在卧室。

第二，室内空气始终不够流通，所以最好不要放置容易产生蚊虫的水性植物。

第三，有花粉过敏症的人不宜栽培花卉。

第四，含羞草、夹竹桃等含有毒素的植物不宜在室内摆放。

民间有"前不种桑，后不种柳"之说，应注意避讳。

2. 庭院植物的搭配

庭院种植植物应注意空间层次、高矮和色彩的搭配,如果是盲目种植,反而会使人感觉杂乱,起不到美化家园的效果。搭配的方法如下:

(1)高矮搭配,错落有致。如在院落中,种植 1～2 棵稍高的乔木,周围则配以花卉、草坪,显得错落有致,美观大方。

(2)合理配置季节性植物。应选择常绿植物、不同季节开花的植物相互搭配,使庭院内四季有景可赏。

(3)色彩搭配。不同颜色的植物搭配,可以是庭院显得五彩缤纷,还可以利用颜色配出具有象征意义的图案,增加情趣。

(4)山水配置。如果庭院够宽,应配置一些假山和水池、小溪、曲径,让庭院更接近于大自然的美景。

二、庭院植物养护

庭院植物养护主要包括植物的修剪、浇水、松土、施肥、杂草清理和病虫害防治,以及越冬管理等方面。

(一)植物修剪

1. 摘叶

植物叶片过于茂盛时,应摘除部分老叶,以保证其他叶片营养充足,同时促进新叶萌发和叶片颜色改变,提高观赏价值。

2. 修枝

观赏植物往往需要一定的造型,如让其枝条自然生长,就会影响其欣赏价值。所以,在枝条生长过程中,要及时修枝,长枝剪短,密枝剪疏,并用绳索或铁丝固定其形状,让植株长成人们期望的造型。

植物越冬过后,也应及时对枝条进行修剪,剪除过密部位的瘦弱技条,以促进抽枝发芽。

3. 摘芽

为了抑制顶端枝叶的生长,使植株向四周发展,可摘去枝梢的心芽,以促进侧芽生长。

此外,若树枝四周发芽较多时,应摘除一部分,以免长出叉枝,影响树形美观。

4.修根

盆栽植物翻盆换土时,应将部分老弱根系剪除,促进新根发育。对部分根系发达、生长过快的植物,应适当修剪根系,控制植株过快生长。

(二)土质管理

1.松土

若土壤板结变硬,会使土壤中的空隙减少,透气性差,重而导致植物根部缺氧死亡。因此,应定期进行松土,使用锄头或铲子轻挖植株周围的表层土壤,以使土层松动。挖土深度视栽培的植物根系深浅而定,以不伤到植物的根为宜。

2.施肥

施肥要看土质和植物生长发育情况而定。一般来说,只有土质较差,植物生长不良时才需要补充施肥,而一般情况下,只要栽种植物时施了有机肥、缓释肥等基肥的,后期可以不用再追肥。但在植物花芽形成前和挂果前可以适当施一点氮磷肥(如尿素),以增加花果数量,提高质量。追肥时一定要注意防止过多而引起烧根。

3.浇水

不同植物浇水的量和次数视植物的生态特性和季节而定。一般来说,夏秋季节早晚各浇一次,冬春季节可以一天或多天浇水一次;对喜阴植物、浅根花卉应勤浇水,而耐旱植物和树根较深的乔木应少浇。同时,盆栽植物浇水时不能引起盆中积水。

4.清除杂草

杂草繁殖力很强,需要定期清除。春夏季节,可将腌制鸭蛋或咸菜的盐水泼在杂草上,三四次即可遏止杂草的生长,但要注意不要伤害到观赏植物。

5. 翻盆换土

盆栽植物往往到了一定时间之后,盆中的土壤已不能满足植物根系发育的需求,土壤板结,土质贫乏,或者土中积累了病菌和害虫时,都需要给盆栽植物更换土壤和容器。

换盆时,将花木从盆中托出,去除根部周围松散的旧土,并将外露的老根、枯根用剪刀剪除,尽量不要破坏与主根结合紧密的土团,以免折断主根系。然后在盆中放入新土,在根的底部适当施一些基肥,覆土浇水,使根与土壤紧密接触。

若遇盆花不宜换盆时,可将表层旧土去除后换上新土即可。换盆后,为了减少叶面水分蒸发,可先将盆放在阴凉处。

(三)病虫害防治

庭院植物的病虫害,应该采取以物理防治和生物防治为主,药物防治为辅的办法,尽量避免使用农药,以防对人畜造成危害。

1. 病虫害预防措施

(1)加强管理,提高植株的抗病虫害能力。平时,加强植株的通风、透光、浇水、施肥等养护工作,使花木生长苗壮,增强抵御病虫害的能力。

(2)注意早期发现并及时剔除感染枝叶。一旦发现植株的枝、叶、花、果等局部感染病虫害,应及时用消过毒的修剪刀剔除感染部位,防治扩散。

(3)随时清除植株周围的杂草和腐殖质,保持环境干净。杂草和腐殖质往往成为病原菌和害虫的中间寄主,应随时清除,防治病虫传染植物。

2. 常见虫害防治

(1)蚜虫。蚜虫俗称蜜、腻虫、旱虫等,是一种常见害虫。虫体小,用针管状的口器吸取植物汁液,发生时往往密度很大,造成叶片卷曲萎缩,甚至整株枯死。

瓢虫是蚜虫的天敌,在发生不严重时可以捉一些食蚜瓢虫放于受害植株上,控制蚜虫数量。若发生严重,需将植株移至室外远离人畜的地方,用40%乐果乳剂3000倍液(即3千克水加入1克乐果乳剂)喷雾,或敌百虫1000~1200倍液喷雾,并待药物挥发后才能将植株移至室内。此外,还有两种安全简便的防治方法,一是用香烟头5克掺水70~80克,浸泡24小时,稍加搓揉后,用纱布滤去渣滓,然后喷洒;二是用1:200的洗衣粉水(皂液水),加入几滴菜油,充分搅拌,用喷雾器喷于植株表面。

(2)红蜘蛛。虫体小,呈红色,肉眼很难看到,一般在叶背面吸取液汁,导致叶片枯黄脱落。药物防治方法与蚜虫相同。

(3)天牛。又名蛀干虫、蛀心虫,是一种能咬碎植物树干的甲壳虫,常为害葡萄、月季 杜鹃花以及桃、杏、梅等木本植物,往往钻入树干中心危害。防治方法是剪去受害树干,人工捕捉消灭;或用小刀清除受害树干孔口的虫粪、木屑后,从蛀洞口注入氧化乐果50倍液,再用泥浆封住洞口。

3.常见病害防治

(1)白粉病。又称粉霉病,常在闷热、潮湿、不通风的环境中发生,危害月季、蔷薇、金橘等观赏植物,在叶片表面形成一层白色霉层,严重时导致叶片枯萎。防治方法是在室外用50%多菌灵可湿性粉剂500倍液等药液喷雾。

(2)叶斑病。包括黑斑病、褐斑病等,容易在闷热、不通风和潮湿的环境中发生,危害月季、杜鹃花、蔷薇、菊花等植物,在叶片上形成黑色或褐色斑点。防治方法是用1%波尔多液喷雾,剔除并烧毁病叶。

(四)越冬管理

庭院植物一般会选择越冬性很强的植物,因此冬季不必作特殊的护理。但对于叶肉较厚的盆栽观赏植物,如君子兰、茉莉花等,冬季应转移到温度较高的室内,以免发生冻害导致死亡。

对于院落中栽培的常绿植物,冬季应适当培土,结冰天气还应该用干燥的稻草或枯枝枯叶覆盖地上部分。

三、家庭插花

插花是将新鲜植物的花枝剪切下来插入花瓶中供人们欣赏的一种装饰方式。插花除了注重花色搭配外,还非常注重造型,可以做成特定的图案,表达特定的含义。

(一)家庭插花艺术

1. 花的选择与搭配

(1)高矮搭配,错落有致。插花讲究艺术美,忌讳呆板凌乱。因此,选择花卉时应高矮搭配,色彩协调。花枝要裁剪得当,与花瓶相互适合。花枝长度应参差不齐,错落有致。如插三枝花,应分主次斜插,主枝高出三分之一,其余2枝应斜插在主枝两旁,并分开一定的距离。

(2)花、叶衬托,色彩各异。插花应适当配带绿叶,注意颜色配比,彰显生机与活力。若只有花朵,往往会显得过于耀眼和单调,而绿叶过多,又会显得凌乱。

(3)插花要与摆设的环境相符。室内摆设插花,应选择形态优美的花瓶,并根据居室环境进行摆设。比如,客厅是家人聚集和接待亲友的地方,插花应当五彩缤纷,鲜艳夺目,使人感觉兴奋和喜悦;而书房是看书学习的地方,往往需要静心钻研,因此即使摆放插花,也应清淡简朴,不使人分心;卧室则应选择雅致并能散发香气的鲜花,可以让人安心入睡。

2. 花的插法

由于传统习惯等原因,东西方插花方式略有差异。东方式插花以我国和日本为代表,多用木本花卉为主,直立插入花瓶,简洁明快,讲究造型;欧美式插花又称西洋插花,喜欢采用康乃馨、郁金香等草本花卉,花多而艳丽,彰显繁盛,多数造型对称规则,为半圆形、椭圆形、扇形、三角形等几何形状。

插花讲究方法,家庭常见的插花方法主要有以下几种:

(1)主次插法。适合于突出花的主体,即中间的一枝花,而两侧的花要矮于中间的主花,并要求分开斜插,与主花保持一定距离,起烘托主花的作用,如用2枝菊花配1枝剑兰等。

(2)弧形插法。将花枝插入花瓶中,摆成中间凸起或凹陷的弧线型。

(3)盆景式插法。若花枝较多,或多种花卉搭配,且花枝的大小、颜色差异明显,就可以插入广口花瓶,摆放成特定的图案和造型,获得与盆景相似的欣赏效果。

(二)插花保鲜方法

1. 糖水保鲜

花瓶中加入少量白糖,搅匀后插入花枝。由于糖水能够提供养分,因此可延长插花的寿命。

2. 盐水保鲜

在花瓶中倒入适量淡盐水,再插入花枝。此法适合于喜盐的各种花卉,如梅花、荷花、水仙、山茶、美人蕉等。

3. 啤酒保鲜

在花瓶中导入适量清水,再倒入少量啤酒,然后插花。此法适用于紫藤花、越桃花、大茜草花等。

4. 剪枝保鲜

用清水插花,从第二天开始每天取出花枝,用剪刀剪掉花枝末端约0.5厘米,改善其吸水功能,延长花枝存活时间。

5. 热处理法

将枝条较硬的木质花卉和多汁的花枝用酒精灯或蜡烛烧焦末端切口,以达到灭菌和制止汁液外流的目的。对于多汁的花卉,还可以用报纸包住末端,放于70~80℃热水中浸泡3分钟后再插入花瓶,也可以起到延长花期的作用。